# 春夏交季中沙群岛水文特征研究

王勇智　鞠　霞　杜　军
刘长建　孙双文　林　强｜著

中国海洋大学出版社
·青岛·

图书在版编目（CIP）数据

春夏交季中沙群岛水文特征研究／王勇智等著. -- 青岛：中国海洋大学出版社，2023.10

ISBN 978-7-5670-3648-2

Ⅰ. ①春… Ⅱ. ①王… Ⅲ. ①中沙群岛－水文特征－研究 Ⅳ. ① P344.66

中国国家版本馆 CIP 数据核字（2023）第 182452 号

CHUNXIA JIAOJI ZHONGSHAQUNDAO SHUIWEN TEZHENG YANJIU

**春夏交季中沙群岛水文特征研究**

| | | | | |
|---|---|---|---|---|
| **出版发行** | 中国海洋大学出版社 | | | |
| **社　　址** | 青岛市香港东路 23 号 | **邮政编码** | 266071 | |
| **出 版 人** | 刘文菁 | | | |
| **网　　址** | http://pub.ouc.edu.cn | | | |
| **电子信箱** | 1193406329@qq.com | | | |
| **订购电话** | 0532-82032573（传真） | | | |
| **责任编辑** | 孙宇菲 | **电　　话** | 0532-85902349 | |
| **装帧设计** | 青岛汇英栋梁文化传媒有限公司 | | | |
| **印　　制** | 青岛国彩印刷股份有限公司 | | | |
| **版　　次** | 2023 年 10 月第 1 版 | | | |
| **印　　次** | 2023 年 10 月第 1 次印刷 | | | |
| **成品尺寸** | 185 mm×260 mm | | | |
| **印　　张** | 8.75 | | | |
| **字　　数** | 200 千 | | | |
| **印　　数** | 1—1 000 | | | |
| **定　　价** | 88.00 元 | | | |

发现印装质量问题，请致电 0532-58700166，由印刷厂负责调换。

中沙群岛是我国国土安全的重要屏障,更是区域经济发展的命脉。南海贯通太平洋和印度洋,是联系东亚、非洲和欧洲的重要航道,是当今世界最繁忙的国际航路之一。中沙群岛及其邻近海域地处南海中部,是祖国大陆与南沙诸岛海上通行的重要枢纽,战略地位十分重要。

中沙群岛古称"红毛浅""石星石塘"等,位于南海中部海域,西沙群岛东面偏南,距永兴岛约 220 千米,在南海诸岛中位置居中,靠近南海东北部出口吕宋海峡,为南海诸岛中的四大群岛之一。中沙群岛北起神狐暗沙,南止波洑暗沙,东至黄岩岛,包括中沙环礁与黄岩岛两个环礁系统,海域面积 60 多万平方千米。在中沙群岛以及 30 多个暗滩和暗沙中,除黄岩岛环礁礁坪个别礁石露出海面外,其他暗沙和暗滩均隐伏于海水中,岛礁散布面积之大仅次于南沙群岛。中沙大环礁是中沙群岛的主体部分,长 140 千米,宽 60 千米,是南海中最大的环礁。由于受季风变化、冷空气、南海高压、副热带高压、辐合带及热带气旋环流等多种环境因素的综合影响,中沙群岛及邻近海域成为观测与揭示海洋水动力和水文气象对其他环境因素响应的理想靶区。

在过去几十年,我国对南海及其诸岛开展了连续的综合科学考察,但多集中于南沙群岛和西沙群岛,对中沙群岛及邻近海域的综合性调查研究十分欠缺。在科技基础资源调查专项"中沙群岛综合科学考察"的支持下,中国科学院南海海洋研究所、自然资源部第一海洋研究所、自然资源部南海调查中心等单位在中沙群岛海域开展了地形地貌、水文动力、地层结构、生物生态等方面的基础调查,其中自然资源部第一海洋研究所和自然资源部南海调查中心承担了"中沙群岛及邻近海域海洋水动力环境调查"课题。该课题基于大面站和定点观测技术手段,在 2019 年至 2021 年开展了 3 个年度的中沙群岛水文气象调查工作,主要获取中沙群岛的区域水动力和气象信息。

本书介绍了 3 个年度航次获取的中沙群岛典型季节的波浪、海流、潮位、水温、盐度、气温、风速和风向等数据，系统分析了中沙群岛海域春夏交季独特的水文特征，揭示了中沙大环礁内潮位、温盐和海流的分布差异，阐明了中沙大环礁温盐水平和垂向的分布特征，研究了温盐分布特征与中尺度涡的响应，分析了大环礁内波浪分布的特征，并结合遥感数据和数值计算分析了南海地区中尺度涡的季节变化。

编者

2023 年 8 月

# 目 录

CONTENTS

# 1 南海基本状况

## 1.1 自然地理

### 1.1.1 总体概述

南海位于亚洲的东南部,纵跨热带与亚热带,是西太平洋最大的边缘海,也是世界第二大边缘海。南海地区北起 23°N,南至 3°N;西至 99°E,东至 121°E,总面积约 $3.5×10^6\ km^2$,平均水深约 1 300 m,最大深度约 5 600 m。

南海背靠大陆,外绕岛弧,是一个半封闭的边缘海。南海的北部接中国的广东、广西和海南三省,东部有台湾岛和菲律宾群岛;东边界经巴士海峡、巴林塘海峡等众多的海峡和水道与太平洋沟通;其南界是加里曼丹岛和苏门答腊岛,经卡里马塔海峡和加斯帕海峡与爪哇海相邻;西南面经马六甲海峡与印度洋相通;东南面经民都洛海峡、巴拉巴克海峡与苏禄海相接。此外,还有西沙群岛、中沙群岛、南沙群岛等众多的岛屿分布其中。

南海具有典型的边缘海特征,它北通东海,东接太平洋,南连印度洋,还和苏禄海、爪哇海、菲律宾海等海域相邻,它还是湄公河、红河和珠江的汇入海域。这决定了它不仅与大洋水体不同,又与同样是边缘海的黄海、东海有很大的差别。南海的海水主要由三大水系组成,一是由江河径流冲淡而成的沿岸低盐水,主要在封闭的西部和北部;二是东北部由西北太平洋经巴士海峡流入南海的高盐水;三是在西南季风期间,主要经卡里马塔海峡来自爪哇海、巽他陆架的赤道表层低盐水。南海环流主要受控于东亚季风及其与邻近海域的相互作用和水交换,后者以西菲律宾海最为重要。太平洋北赤道流在 13°N 附近菲律宾近岸处分叉,其北支形成太平洋副热带环流的西边界流,即黑潮。黑潮在北上途中,流经吕宋海峡,与南海进行复杂的水交换。南海的中层水以及深层水经巴士海峡与西太平洋海水进行交换,而进入南海的西太平洋中层水及深层水,借助于南海的中层环流及深层环流输送到南海的其他区域。因此,南海的中层和深层环流与南海深处的水团分布有着密切的关系。

南海的海底地貌类型齐全,既有宽广的大陆架,又有陡峭的大陆坡,还有宽阔的深海盆地和狭窄的海沟、海槽。海底地势西北高、中部和东南低。从南海周边向中央,依次分布着大陆架、岛架,大陆坡、岛坡以及深海盆地,水深变化剧烈,被誉为"微缩大洋景观",具有多种复杂的海洋动力环境、海洋生物物种和海洋化学特性。

### 1.1.2 地形地貌

中沙海区包括中沙隆起带和黄岩隆起带，基底上发育厚千余米的珊瑚礁体。中沙群岛分布在南海北部陆坡的台阶上，宏观地貌形态表现为中沙海底高原，为珊瑚礁地貌。

中沙群岛是海洋型岛屿，均为珊瑚岛礁，岛礁发育在中央深海盆及北部陆坡上海山顶部，由黄岩岛和中沙大环礁上26座已经命名的暗沙，以及一统暗沙、宪法暗沙、神狐暗沙、中南暗沙4座分散的暗沙组成，除黄岩岛环礁礁缘部分露出海面外，其他暗沙、暗礁均隐伏海水中，距海面水深自数十米至数百米。中沙群岛地质构造也与西沙群岛相似，属南海陆缘地堑系的组成之一。

### 1.1.3 暗礁

中沙大环礁是中沙群岛的主体，也是南海诸岛中最大的环礁，位于西沙群岛东南，发育在南海西大陆坡最东部的中沙台阶上，整体略呈椭圆形，长轴作东北—西南向延伸，约76 nm，宽约33 nm。立体呈短柱状，顶部水深超过10 m，西临水深2 500 m左右的中沙海槽，东以大于50°的陡坡下临水深4 000 m的中央深海盆。中沙大环礁上的暗沙已命名的共有26座，分为礁缘上的暗沙和潟湖内的暗沙两类。

中沙大环礁四周突起的礁缘部分，形成均匀分布的珊瑚暗礁、暗滩、暗沙，已命名的有隐矶滩、武勇暗沙、济猛暗沙、海鸠暗沙、安定连礁、美溪暗沙、布德暗沙、波洑暗沙、排波暗沙、果淀暗沙、排洪滩、涛静暗沙、控湃暗沙、华夏暗沙、西门暗沙、本固暗沙、美滨暗沙、鲁班暗沙、中北暗沙、比微暗沙20座。

中沙大环礁中部为潟湖，潟湖水深由东北至西南为$9.1 \sim 109$ m，湖内沟槽和洼地中堆积着洁白的珊瑚沙和介壳碎屑，分布着许多暗沙，已命名的有石塘连滩、指掌暗沙、南扉暗沙、屏南暗沙、漫步暗沙、乐西暗沙6座。

### 1.1.4 底质类型

中沙环礁现代沉积底质为珊瑚丛林、珊瑚礁垅和珊瑚砂砾，其生物组分深于60 m的礁前斜坡表层礁岩以皮壳状珊瑚藻为主，潟湖沉积物以有孔虫为主，次为小软体动物和钙藻屑，礁环和点礁主要由造礁珊瑚组成。在沉积粒度分布上，礁前随深度增加，由中粗砂变为砂质粉砂；礁环为中粗砂至中细砂；潟湖为中细砂至细粉砂，礁环和潟湖中个别部位有砾石分布。

### 1.1.5 地质构造

中沙群岛在地质构造上属于南海陆缘地堑系的组成之一，属南海陆缘地堑系之下的二级构造单元陆坡断块区，位于南海陆缘地堑系的中部，为新生代从南海北部华南陆块拉张出来的漂离岛块（也称微陆块）。其地质构造与西沙群岛相似，与西沙群岛一起构成西沙—中沙隆起带，并向东延伸至黄岩隆起带，构成东沙、南沙两陆块的中央对称轴。

中沙群岛海区包括中沙隆起带和黄岩隆起带,其边缘受北东向断裂构造控制,基底为已褶皱的上元古界即前寒武纪强烈变质的花岗片麻岩和混合岩类等;基底以上发育巨厚的珊瑚礁体,厚度超过 1 000 m;表层沉积主要是有孔虫珊瑚碎屑和砂泥。地壳厚度为 20 ~ 26 km,属大陆型地壳。

### 1.1.6 黄岩岛

黄岩岛,包括南岩和北岩在内的一个大环礁,是中沙群岛唯一露出水面的一座岛礁,也是南海海盆洋壳区内唯一有礁石出露的环礁,地理坐标是 15°08′N ~ 15°14′N,117°44′E ~ 117°48′E,接近菲律宾群岛。黄岩岛环礁状似等腰三角形,周长约 55 km,面积(含礁湖)约 150 km$^2$。环礁外围为礁前斜坡,边缘陡峭,以 15° ~ 18° 的坡度下降至水深 3 500 m 的海底。礁盘四周礁坪宽 2 ~ 4 km,水深 0.5 ~ 3.5 m,礁坪上珊瑚礁块密集;礁坪外圈临外海部分在波浪、潮汐冲蚀下发育了深约 3 m 的放射状沟槽,沟底堆积着珊瑚砾石及贝壳碎片;礁坪中带高耸,宽 600 ~ 900 m,平均水深仅 0.5 m,上有礁块堆积;中带以内逐渐向潟湖倾斜,下坡增大至 15°。环礁中间是礁坪包围的潟湖,水深 10 ~ 20 m,水色清绿,湖底有珊瑚点礁散布,成为众多的湖小丘,小丘之间为低洼的礁塘,礁塘中沉积了松散的珊瑚介壳构成的生物碎屑。礁湖之南有一宽约 400 m、水深 4 ~ 12 m 的礁门水道与外海相通。

## 1.2 影响南海的主要天气系统

南海属热带、亚热带季风区,受季风、台风、热带辐合带、副热带高压等天气系统影响,大部分属热带季风气候,北缘属南亚热带季风气候,热带海洋性气候显著。在气候态意义下,南海北部东北季风始于 9 月,12 月达到鼎盛期;西南季风始于 5 月,8 月达到鼎盛期,而后开始衰退。在东北季风盛行期,南海北部以台湾海峡和吕宋海峡附近海域风力最大,风速由东北向西南呈递减趋势,在北部湾西岸海域风力最小;而在西南季风盛行期,17°N 以南海域风力较大,20°N 以北海域风力较弱。在风应力旋度场上,冬季南海北部陆架区主要被反气旋式风场控制,而深海区被气旋式风场控制,正的风应力旋度最大值区位于吕宋岛西部;夏季南海北部主要为正的风应力旋度场所盘踞,只在吕宋岛附近等区域存在小范围的负风应力旋度场。

6 月至 11 月为南海台风期,尤以 7 月至 9 月台风登陆次数最多。根据 1949 年至 1984 年台风资料统计,36 年中南海平均每年受台风、热带低压影响 16.2 次。南海干湿季节明显,4 月至 10 月为雨季,11 月至翌年 3 月为旱季。雨量充沛,大都为 1 500 ~ 2 500 mm。气温自北向南递增,沿海一带 1 月最冷,汕头平均温度为 13.6 ℃,东沙为 20.6 ℃。根据 1960 年至 1980 年资料统计,南海每年 9 月至翌年 3 月受北方冷空气(寒潮)侵入而降温。

南海和南海诸岛全部在北回归线以南,接近赤道,属赤道带、热带海洋性季风气候。由于接近赤道,接受太阳辐射的热量较多,所以气温较高。年平均气温为 25 ℃ ~ 28 ℃,气温虽高,但有广阔的海洋及强劲的海风调节,并无酷热。一年中气温变化不大,温差较小,且季节性变化也不大。南海热带海洋性季风气候明显,风向有明显的季节性变化,冬季(每年

11月至翌年3月)盛行东北风,夏季(每年5月至9月)盛行西南风,4月和10月是季风转换时期,且冬季平均风速大于夏季。巴士海峡、台湾海峡、南海东北部和南沙群岛西部分别存在两个风速比较大的海域,两个大风区形成了一条东北—西南走向的大风通道。由于地形和赤道无风带的影响,菲律宾以西海域、越南东北部沿岸海域、加里曼丹岛以东海域风速较小。

热带辐合带(Intertropical Convergence Zone, ITCZ)是南、北半球信风气流形成的辐合地带,又称为赤道辐合带。由于辐合带区的气压值比附近地区的低,也称为赤道低压带或赤道槽等。它是热带地区主要的、持久的、具有行星尺度的大型天气系统,其生消、强弱、移动和变化,对热带地区长、中、短期天气变化影响极大。热带辐合带可分为季风辐合带和信风辐合带。

### 1.2.1 热带气旋

热带低压和热带气旋是形成在热带洋面上的气旋性涡旋,四周风速很大,主要发源于西南印度洋温跃层附近的洋面。热带低压和气旋不仅每年都有,而且一年四季均可发生。热带低压和热带气旋来临时往往带来狂风暴雨天气,风力在8~11级,强台风可达12级,海面引起巨浪,有的高十几米,严重地威胁着船只安全。热带气旋中还有一种飓浪,能导致海水突然上升数米,一般出现在气旋中心附近,其破坏性更大。

南海全年各月都有热带气旋生成,其中南海夏季盛行西南季风,热带气旋最为频繁。参考中国气象局对热带气旋等级的分类标准(GB/T 19201—2006),将热带气旋强度分为热带低压、热带风暴、强热带风暴、台风、强台风和超强台风6个等级。对南海热带气旋个数的统计发现,1949年至2017年,南海区域共生成503个热带气旋,年平均7.3个;其中达到或超过台风级别的热带气旋有328个,占生成总数的65.2%,平均每年4.8个。一次台风或强台风影响平均为3天,最长时达10天。与西北太平洋比较,南海台风水平范围较小,垂直发展高度较低。它的半径一般为300~500 km,最小不到100 km,伸展高度6~8 km,最高10 km,最大风速为50 m/s。相对于南海南部,北部受台风的影响更为频繁,17°N~21°N的西沙东北部和东沙西南部台风活动最为强烈。

此外,西太平洋地区台风移动的路径偏西,台风经由菲律宾或巴林塘海峡、巴士海峡进入南海,西行到海南岛或越南登陆,对南海地区影响较大。

### 1.2.2 季风

亚洲地区是世界著名的季风活动区。亚洲季风包括南亚季风和东亚季风,南亚季风主要影响印度、孟加拉国等南亚国家。影响我国的季风主要是东亚季风,而南海夏季风又是东亚夏季风的重要组成部分。南海夏季风爆发意味着西南水汽输送明显增强,此时南海风向通常迅速从东风转为西南风。南海低层西南风和高层东北风的建立是西南季风爆发的主要标志。

对于我国来说,随南海夏季风爆发以后不断增强的西南季风将热带印度洋丰沛的水汽源源不断地向东亚大陆输送,季风雨带随之从南海逐步向我国中东部地区推进。一方面,它会直接影响我国江南、华南等地的汛情;另一方面,随着季风雨带逐步向我国中东部地区推进,它甚至会影响到我国东部更大范围地区的天气。由于水汽输送增强,配合北方冷空气活动,容易导致江南到华南地区强度大、范围广、持续时间长的强降水事件增加,强对流天气频发。一般情况下,东亚夏季风首先在南海爆发,爆发后的 2 周内,低层西南风会将热带海洋上丰沛的水汽源源不断地向东亚大陆输送,季风雨带逐步向我国中东部地区推进,届时我国将全面进入主汛期。

### 1.2.3　温带气旋

温带气旋(Extra-tropical Cyclones,ETCs)是出现在南北半球中高纬度地区具有斜压性的低压涡旋,在全球大气环流中起着重要的作用,热带和极地之间的热量、水汽和动能传输,在较大程度上都依靠温带气旋移动和发展来实现。另外,温带气旋是影响中高纬度地区大范围天气变化的重要天气系统之一,温带气旋及其锋面系统受斜压不稳定驱动,能够造成明显或激烈的天气现象,如极端温度、极端降水、强风暴和风暴潮等气象灾害,造成生命和财产的巨大损失,其爆发性发展还可能会对一些基础性设施产生灾害隐患。作为一种剧烈的天气现象,温带气旋成为气象学研究的核心天气过程之一。近百年来,温带气旋带给中纬度部分地区 85% ~ 90% 的年降水以及 80% 的极端降水事件,在低纬度、中纬度与极地大气之间的相互作用中扮演重要角色。在未来气候变暖的情况下,气旋将如何变化,这不仅具有社会经济和科学意义,也是一个非常复杂的挑战。

### 1.2.4　热带辐合带

季风辐合带是指在北半球夏季,来自南半球的东南风越过赤道后受地转偏向力的影响转为西南风,其前沿与北半球的偏东风交汇形成的热带辐合带,其特点是位置有明显的季节变化,气流辐合强,常有热带天气系统生成,如热带云团、热带气旋。

季风辐合带主要出现在南亚到西太平洋一带,它的构成和季风紧密相连,主要特征是风向切变大。在北半球,季风槽型辐合带的北侧是东风或东北风,南侧是西风或西南风;在南半球,其向赤道侧是西风或西北风,向极地侧是东风或东南风。这种辐合带在由西风到东风的过渡区中,风速通常比较小,所以也有人称其为"赤道无风带"。

信风辐合带是指南半球东南信风直接与北半球东北信风相遇形成的热带辐合带,特点是距离赤道较近且无明显的季节变化,强度小于季风辐合带,也较少生成强烈的热带天气系统。它主要位于北大西洋、太平洋中部和东部地区。

热带辐合带是热带地区热量、水汽最集中的地区,也是热带扰动发生的主要区域。据统计,西北太平洋上约 85% 的热带气旋是由热带辐合带上的扰动发展起来的。

活跃在中南半岛和我国南海的热带辐合带,多属季风槽型辐合带,一般只活动在对流层中、下部,东西走向的辐合带随高度的升高向南倾斜,西北—东南走向的辐合带随高度的升高向西南倾斜,辐合带两侧温差很小,北侧温度略高于南侧,但南侧湿度大于北侧。南亚地区辐合带降水区宽度为 200 ~ 800 km。日雨量常在 100 mm 以上,雨区一般位于辐合带两侧附近。而大西洋和太平洋中部的信风槽辐合带两侧几乎不存在温度和盐度的差异,且几乎不随高度的变化而倾斜。热带辐合带对华南和南海一带天气影响很大,盛夏季节热带辐合带可北进到我国华南地区,直接造成该地区的强烈对流天气。当它活跃在南海时,常有热带低压或南海热带气旋发生发展。

自非洲延续到西太平洋约 150°E,特别是 10 月份,南、北半球各出现一个季风辐合带。根据气象卫星云图分析,130°W 以东直到美洲海岸的东太平洋上,晚冬和春季也可出现双重辐合带云带;而在 160°W 以西的西太平洋,全年都有双重辐合带云带。不过冬半球的云带始终比夏半球弱,所以西太平洋地区的云带,冬季主要在南半球,而夏季主要在北半球。北半球夏季时,亚洲、非洲大陆的季风辐合带位置可达最北处;冬季,最南可达 20°S。季风辐合带的季节变化同海陆分布和地形特征都有密切的关系。

## 1.3 主要气象要素场的气候特征

### 1.3.1 风场

根据南海年平均 10 m 风场统计,10°N 以北的南海北部区域东风较强,风速较大;而南海南部区域风速显著弱于北部。风场具有显著的季节变化特征,春季,风速较弱,从整体上看,南海地区以东风为主;夏季,南海盛行西南风,风速显著增强;秋季,南海南北部风速差异明显,在南海北部已转变成较强的东北风,而在南海南部风速较小,处于西南风向东北风的转换阶段;冬季,南海风速相对于其他三个季节最强,绝大部分区域风速超过 7 m/s,盛行东北风。

### 1.3.2 气压场

南海平均海平面气压呈现自北向南递减的分布特征,其中海平面气压极小值出现在马来西亚以北的海域,为 1 009.5 hPa 左右。南海海平面气压场具有显著的季节变化特征,春季,海平面气压自东北向西南递减;而在夏季海平面气压显著降低,南北差异较小,从整体上看,气压值均低于 1 009 hPa;秋季,气压全年最高,其中在南海北部最为明显,气压值均位于 1 013 hPa 附近;冬季,相对于秋季南海北部的气压有所减弱,极大值退缩至海南岛以东以北的海域,分布特征与春季类似。

### 1.3.3 气温场

南海年平均海表气温场显示,海平面气压呈现自北向南递增的分布特征,其中在 10°N 以北的南海北部气温变化较大,为 23 ℃~26.5 ℃,而 10°N 以南的南海南部气温分布较为均一,大部分区域在 27 ℃左右。南海海表气温场具有显著的季节变化特征,春季,海表气温随着纬度的增大而减小;而在夏季整个南海的气温相对于其他三个季节较高,平均气温在 27 ℃以上,南部区域气温略低于北部;秋季,南海北部气温显著减小,平均气温只有 23 ℃左右,南部、北部气温差异明显;冬季,高气温逐渐北扩,除了 16°N 以北的海域外,大部分地区气温在 27 ℃以上,分布特征与春季类似。

### 1.3.4 湿度场

南海平均相对湿度气温场表明南海北部、南部相对湿度分布均一、差异较小,绝大部分区域在 82% 左右,水汽充沛,空气较为湿润。相对于气温、气压,南海相对湿度的季节差异较小。在春季、冬季,沿岸地区相对湿度较大,极大值出现在海南岛附近海域,为 85% 以上;在夏季,南海北部的相对湿度略大于南部,而秋季则相反。

### 1.3.5 涡度场

南海年平均相对涡度气温场显示南海北部、南部的相对涡度差异较大,在 10°N 以北的北部地区,相对涡度为负,表明北部地区为顺时针环流;而在 10°N 以南的南部地区,相对涡度为正,南部地区为逆时针环流。对于季节平均而言,除夏季外,其他三个季节相对涡度均呈现出南负北正的分布特征,其中在秋季,南海北部的负涡度较强,而南海南部的正涡度也大于春、冬季。夏季相对涡度的南北分布与其他季节相反,与南海季风转换有关。

## 1.4 南海的环流特征

南海环流主要有三种,第一种是被季风吹动的径向表层流;第二种是自生的水平涡流;第三种是在风的方向上水堆积所引起的垂直环流。

冬季由于强劲的东北季风,黑潮水的一部分通过巴士海峡进入南海北部,称为黑潮南海分支。因此,黑潮和风场是南海大尺度环流两个最主要的外界驱动力。

### 1.4.1 冬季环流系统

#### 1.4.1.1 南海贯穿流

冬季趋势性的南海贯穿流顺南海"北—南—西南"陆坡,呈由北向南流动的趋势,并主动向沿岸流并拢,主要包括黑潮和太平洋水的巴士海峡入侵—沿南海北部和海南岛以东陆坡输运的南海暖流—北部湾湾口的分叉与组合—中南半岛以东沿岸流—中南半岛东南沿岸流—南海中部东向贯穿流—泰国湾湾口的分叉与组合—马来半岛沿岸流—流出卡里马塔—加斯帕海峡。

#### 1.4.1.2 吕宋海峡西北海区的流涡和涡流

冬季的南海北部,在东北风的强势影响下,西北方位的顶端封闭效应使"北部湾口—海南岛—雷州半岛"东南海区为高水位区,其东则为低水位区,一旦东北风松弛,就会发生水位场的调整,如果有反气旋式中尺度涡经过,这种水位场的调整就会加剧该涡西北翼的东北向流。

另外,沿岸传播的高、低水位场,或曰陆架波,会导致局地性东北向流动。冬季,由于来自巴士海峡的中尺度涡经常影响到粤东沿岸,甚至可以导致局地流场的运动反向,这会在很大程度上改变我们对陆架沿岸区海流运动规律的判断。为此,需要对其进行必要的概定:自身具有主动性旋转;尺度从几十千米到几百千米;包括顺时针旋转的反气旋式暖性涡旋和逆时针旋转的气旋式冷性涡旋,两者比较,前者影响粤东沿岸的概率较大;自转的同时,会随着更大的背景流场一起运动。

### 1.4.1.3 中南半岛东南的气旋型流涡

冬季南海的水位场跟夏季基本上成反向关系,环流场呈现气旋式。在南海海域存在着两个单独的低水位区,通过地转关系可以得知为气旋涡旋。该两个气旋涡旋的位置与夏季反气旋涡旋的位置大体相同,南海北部海域低值区的中心水位可低至−10 cm,中南半岛东南侧低值区的中心水位可低至−5 cm。南海北部海区的气旋涡旋要比南海西南侧的气旋涡旋的强度大。

## 1.4.2 夏季环流系统

### 1.4.2.1 南海贯穿流

夏季趋势性的南海贯穿流顺南海"西南—西—北"陆坡,呈由南向北流动的趋势,具有北上的西边界流特征,主要包括卡里马塔海峡和加斯帕海峡流入—马来半岛沿岸流—泰国湾湾口的组合与分叉—中南半岛东南沿岸流—南海中部东向贯穿流—中南半岛以东沿岸流—北部湾湾口的组合与分叉—南海暖流—台湾海峡和巴士海峡北端流出。

### 1.4.2.2 中南半岛东南的气旋型流涡

分析 2011 年 8 月 22 日至 9 月 12 日每天的 SLA 分布场,可知在此期间,在中南半岛东南外海稳定存在着一个高水位区,中心位置位于 11°N、111°E 附近,最高时为 30 cm 以上,最低也在 20 cm 以上,平均在 25 cm 以上;该高水位场呈现东北—西南向,由其流场可知,该区域为反气旋涡旋。在该高水位的西北侧,存在一支沿中南半岛海岸线东北向流动,在 110°E、12°N 转为偏东向;在 12°N 到 13°N 纬度带上可以看到一支很强的偏东向离岸海流,一直到 116°E 都维持比较大的流速。这支海流就是越南离岸急流。该海流的出现是南海盛夏环流趋于稳定的一种标志。这支海流在温度、盐度、密度、走航 ADCP 的观测资料中都能体现出来。

从动力计算的结果来看,表层呈现东西向型的高值中心,通过地转关系可知为顺时针环流,50 m 层以上表现出来的性质与表层类似,在 150 m 层以上,该反气旋涡旋的径向半径开始变大,到 500 m 层上,该反气旋涡旋表现为一个南北向系统,且其高值中心已从东北向移动到 113°E、13°N 附近。11°N 断面穿过中南半岛东南涡中心位置,其动力计算结果显示,该断面西侧的北向流较强,中间的南向流较强,两者结合起来,就表现为一个反气旋环流。西边的北向流因为越南离岸急流的影响,其流速比东边的南向流要强,且速度梯度较大。就影响深度来言,西侧的影响深度要比东向的深。按 10 cm/s 等流速线所到达的深度来看,四个流核区分别为 > 600 m、> 400 m、> 200 m、200 m 左右。

SLA 中南半岛东南外海的高水位区跟漂流浮标所反映出来的中南半岛东南涡的位置重合度很好,可知用 SLA 来研究中南半岛东南涡的历史变化是可行的。

我们对 1993 年至 2012 年共 20 年夏季(6 月份、7 月份、8 月份)的海平面异常资料的分布图进行分析,中南半岛东南涡中心位置位于 10°N、110.3°E 附近,整体呈现西南—东北向,中心水位达 12 cm。

表 1-1 是对 1993 年至 2012 年每年的中南半岛东南涡的中心位置及水位高度的统计结果,可见该涡强度、位置具有明显的年际变化。强度最强发生在 2010 年,其位置也最靠北,中心水位可达 35 cm,最弱发生在 2004 年,其位置最靠南,中心水位为 8 cm。

表 1-1 中南半岛东南涡的中心位置及水位高度统计(1993 年至 2012 年夏季)

| 时间 / 年 | 纬度 /°N | 经度 /°E | 中心水位 /cm |
|---|---|---|---|
| 1993 | 12.48 | 111.00 | 10 |
| 1994 | 10.52 | 110.67 | 14 |
| 1995 | 13.45 | 111.67 | 29 |
| 1996 | 10.84 | 111.00 | 12 |
| 1997 | 9.53 | 110.00 | 14 |
| 1998 | 12.15 | 111.33 | 23 |
| 1999 | 10.52 | 110.67 | 17 |
| 2000 | 12.15 | 111.67 | 15 |
| 2001 | 11.17 | 112.67 | 16 |
| 2002 | 9.86 | 111.33 | 17 |
| 2003 | 9.53 | 110.00 | 11 |
| 2004 | 6.23 | 109.67 | 8 |
| 2005 | 10.52 | 111.00 | 11 |
| 2006 | 12.80 | 111.67 | 19 |
| 2007 | 12.80 | 112.00 | 15 |
| 2008 | 11.50 | 111.67 | 22 |
| 2009 | 9.53 | 110.00 | 22 |
| 2010 | 14.10 | 111.00 | 35 |
| 2011 | 12.80 | 114.00 | 15 |
| 2012 | 9.86 | 111.67 | 22 |

在南海北部海域,沿着低值区的边缘存在着西南向流,在海南岛南侧转向,随后沿着中南半岛沿岸南向流去,受南海西南侧气旋涡旋的影响,该南向流在中南半岛的西南侧流速最大。

从整体上看,南海环流呈现西向强化的趋势,存在西边界流,即在中南半岛沿岸存在一支很强的流动,夏半年为东北向流,冬半年为西南向流。地球自转及 $\beta$ 效应是产生西边界流的主要原因。

夏季,南海盛行西南季风,西边界流将苏塔海峡和泰国湾的高温、低盐水带往中南半岛的东南外海,由于苏塔海峡和泰国湾都是水深较浅的地区,致使南海南端可视为"准封闭",水的输运造成这两处的水位较低,中南半岛东南涡的右翼以补偿流的形式回流。

根据航次期间平均的风应力场及风应力旋度场,中南半岛东南向凸出,造成中南半岛东南侧外海的风应力较大,从该处的风应力旋度来看,在 10°N 南海的西岸为正旋度,东岸为负旋度,风应力的东西向剪切以及风应力旋度的分布也是造成中南半岛东南涡的主要因素。

### 1.4.3　春季环流系统

春季是冬季向夏季的过渡季节,偏北风减弱、偏南风兴起,南海环流形态从冬季向夏季转换,环流总体较弱,涡流结构规律性不强。

春季由于季风转换,风场不稳定。受制于此,南海环流结构较弱。此时,以 13°N 为界,南海环流南、北两侧表现为 2 个气旋式环流场;南海中部受冬季风影响,继续呈现出东南向的流场,在巴士海峡处黑潮交互作用,西北太平洋海水进入南海;北部湾附近海区为气旋式环流结构,流速较弱;南海西边界流速较强,水体由北向南输运,南海南部水体沿各主要海峡处流出。

南海中各区域涡环较多,主要是因为此时风场尚不稳定,无法诱导形成稳定的环流结构。

# 2 调查概况

## 2.1 项目由来

在科技基础资源调查专项的支持下,自然资源部第一海洋研究所和自然资源部南海调查中心承担了"中沙群岛及邻近海域海洋水动力环境调查",课题编号 2018FY100102,并在 2019 年至 2021 年连续 3 年在中沙群岛海域开展了水动力调查。

## 2.2 调查时间

3 个航次的水文气象综合调查共分 3 个年度开展,调查时间分别为 2019 年 5 月 11 日至 5 月 29 日,2020 年 6 月 20 日至 7 月 6 日,2021 年 6 月 16 日至 6 月 25 日。由于南海地区夏季热带气旋频发,秋季和冬季风浪大,海况差,故夏季、秋季和冬季开展调查无法保证观测的连续性和调查设备安全,加之南海地区春季和春夏交季时期海况较好,故在南海地区开展水文气象观测时段一般选择 3 月至 6 月。

## 2.3 调查站位和调查要素

中沙群岛水动力环境调查类型分为大面站、锚系海床基和全航线调查 3 种方式。调查的要素分别为潮位、流速、流向、波高、波向、周期、水温、盐度、气温、风速、风向。

大面站调查:由于中沙群岛海域面积较大,故 3 个年度的大面站调查站位并不完全重合,大面站调查站位数量也不一样,2019 年共开展了 47 个站位的大面站调查,2020 年共开展了 34 个站位的大面站调查(图 2-1),2021 年共开展了 12 个站位的大面站调查(图 2-2)。其中,2019 年大面站的调查范围主要位于中沙大环礁和黄岩岛,2020 年大面站的调查范围主要位于中沙大环礁内,2021 年大面站的调查范围主要位于中沙大环礁外缘礁盘周边海域。大面站调查主要获取中沙群岛海域的水温、盐度数据。

锚系海床基调查:锚系海床基调查主要是采用座底式海床基,布放于海床表面,海床基均布放在中沙大环礁内。锚系海床基调查共开展了 2 个年度观测,2019 年共布置了 3 个海床基站位,2020 年共布置了 4 个海床基测站(图 2-3),由于 2019 年和 2020 年航次调查期间中沙大环礁海域邻国作业渔船较多,为确保设备安全,2 个航次投放海床基的位置并不相同。锚系海床基调查主要获取定点站位的潮位、波浪和海流数据,由于南海海域的海水透明度相当大,为确保海床基安全,通常将海床基放置在水深 30 ～ 40 m 的海床上。

全航线调查:2019 年、2020 年和 2021 年在调查过程中均开展气象观测。

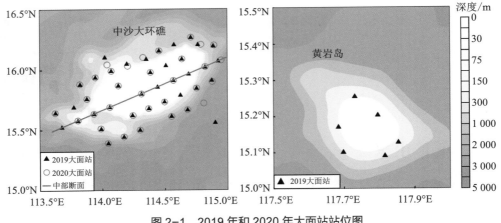

图 2-1　2019 年和 2020 年大面站站位图

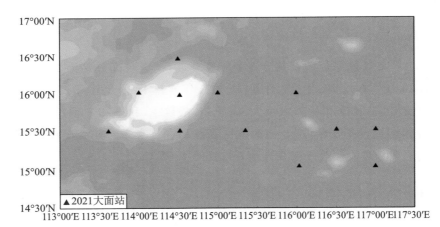

图 2-2　2021 年大面站站位图

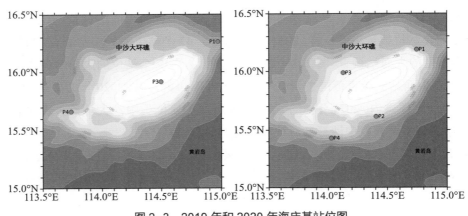

图 2-3　2019 年和 2020 年海床基站位图

## 2.4 调查设备和方法

（1）大面站调查。

大面站的水温、盐度观测采用美国海鸟公司生产的 SBE 17Plus V2 型 CTD（图 2-4），采用船载绞车完成 CTD 下放和回收。由于 2019 年和 2020 年调查采用的调查船吨位较小，船载绞车缆绳总长度为 160 m，在 2019 年和 2020 年航次大面站调查时，CTD 实际下放深度控制在 100 m 左右。2021 年大面站调查采用吨位较大的调查船，绞车缆绳总长度为 250 m，CTD 实际下放深度 150 m 左右。

当调查船到达大面站的预定站位后，将 CTD 挂载到绞车上，开始逐步下放 CTD 至海表面，完成 2 min 的 CTD 感温后，绞车缆绳逐步释放，CTD 完成下降阶段的水体温度、盐度等要素观测，直至线缆长度全部释放后，绞车实施线缆回收，完成该大面站位的 CTD 观测工作（图 2-5）。

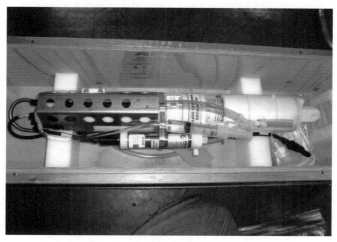

图 2-4　SBE 17Plus V2 型 CTD

图 2-5　CTD 观测现场

（2）锚系海床基观测。

海床基测站采用锚系座底观测方式,每个海床基内置 AWAC 浪龙或 ADCP,分别为
400K AWAC 浪龙(图 2-6)或 SV50 型 ADCP(图 2-7),AWAC 浪龙带有测波功能,在观测
海流的同时观测波浪,海浪每小时观测 1 次,海流每 10 min 进行一次平均,AWAC 和 ADCP
的观测层厚度均设置为 1 m。每台海床基中另内置有释放器 1 台,以便于观测结束后海床
基回收。

图 2-6　内置 AWAC 的海床基

图 2-7　内置 SV50 型 ADCP 的海床基

在 2019 年航次观测期间,在中沙大环礁海域内布置了 3 个锚系海床基测站,其中 1 个海床基中内置 1 台 AWAC 浪龙,另外 2 个海床基中各内置 1 台 SV50 型 ADCP,将内置 AWAC 浪龙的海床基放置于水深相对深的海域,其余 2 个海床基放置在水深相对浅的海域。此外,每个海床基中内置潮位计 1 台,同步观测潮位,潮位采用 RBR 公司生产的 TGR-2050 温深仪,采样频率 1 Hz,每 10 min 进行一次平均。

在 2020 年观测期间,在中沙大环礁共布置了 4 个海床基测站,其中 2 个海床基中各内置 1 台 AWAC 浪龙,2 个海床基中各内置 1 台 SV50 型 ADCP,所有的海床基均各内置释放器 1 台。

调查船到达预定站位海域后,海床基通过调查船由缆绳下放至海底。由于中沙大环礁基本为珊瑚礁底质,海底珊瑚起伏不平,为确保海床基在海底的姿态稳定,海床基下放后由潜水员在水下进行姿态调整,以保证海床基的观测设备探头垂直指向海面。在海床基回收时,调查船行至投放设备海域,通过船载水下释放器甲板单元发出释放信号,带有释放器的海床基随之浮出海面,未能接收到上浮信号的海床基,则由潜水员携带回收绳索下潜至投放海域,查找到设备后采用人工的方法回收。

(3)气象观测。

气象观测采用中船重工鹏力(南京)大气海洋信息系统有限公司生产的 DJQ-1 型船舶气象仪,以获取调查期内的气温、气压、风速和风向等气象数据。气象仪安装在调查船的顶层甲板上,确保观测数据的可靠性和准确性。风速和风向的观测频率为 3 s 记录 1 次,连续记录 10 min,并进行平均,将整点时刻前 10 min 的平均风速和风向作为该整点的风速和风向值。气象观测时间为从调查船出港至调查结束返港。

## 2.5  数据处理方法

(1)水温和盐度。

CTD 数据主要使用深度、水温和盐度数据。各层的温度和盐度采用 CTD 下降时的数据,选取了 2 m(表层)、10 m、30 m、50 m 和 75 m 和底层的数据,经压力漂移订正、电导率订正和数据处理等质量控制,获得各站各层次的水温和盐度。

(2)潮位。

潮位数据每 5 min 进行一次平均,取整点时刻的数据,由于观测区尚无基面数据,故潮位数据的基面为当地平均海平面。潮位资料采用基于 Matlab 的 T_tide 软件进行短期调和分析,得出 2019 年各海床基测站的潮汐调合常数。

(3)波浪和海流。

对测得的 AWAC 和 ADCP 波束速度数据进行质量控制,甄别出有效且合理的波束流速数据。根据每个海床基测站的水深按照规范分层提取出流速和流向数据,应用 T_tide 软件开展海流调和分析,得到海流的各分潮流参数、潮流椭圆要素、余流等。

波浪数据经仪器自带软件 STORM 处理后,统计得出每 20 min 观测时段的波高、周期特征值及波向等数据。波浪要素的计算按照《港口与航道水文规范》(JTS 145—2015)中的规定进行,不同要素之间的公式拟合主要采用最小二乘法。

（4）气象。

将整点时刻前 10 min 的平均风速和风向作为该时刻的风速和风向值,对 1 h 内的气温和气压数据进行平均。

（5）其他。

此外,还收集了观测期间美国国家环境预报中心的气候预报系统产品 National Center for Environmental Prediction Climate Forecast System Version 2（NCEP-CFSv2）的风场空间分布数据,时间分辨率为 1 h,处理成 1 d 平均数据进行绘图。

涡旋数据来源于法国国家空间研究中心（Centre National D'Etudes Spatiale,CNES）提供的 AVISO（Archiving Validation and Interpolation of Satellite Oceanographic Data）涡旋追踪产品 Mesoscale Eddy Trajectories Atlas Product META 3.0exp NRT,该产品从多任务高度计观测数据集提取涡旋信息,提供逐日的全球涡旋位置、类型、速度、半径和相关元数据。本书收集了观测期间的涡旋数据,用以分析温跃层变化的原因。

海表热通量数据来源于欧洲中期天气预报中心（European Centre for Medium- Range Weather Forecasts,ECMWF）最新发布的 ERA5 第五代全球气候再分析数据集。该数据集可提供高时空分辨率的温度和辐射等海洋气象数据。本书使用的数据时间分辨率为 1 h,水平分辨率为 0.25°×0.25°,对 2019 年 5 月和 2020 年 6 月观测期间的海表热通量数据进行平均,用于分析 2 个航次海表温度分布存在差异的原因。

# 3

# 调查期气象特征

## 3.1　2019年至2021年航次气象特征概况

3个年度的航次呈现出2个南海不同时期的季风特征,其中2019年调查期间为南海春、夏季交季的季风转换期,2020年和2021年航次期间为南海夏季风盛行期。

2019年观测时间段为2019年5月11日至2019年5月29日。南海海域受季风控制,5月份一般认为是季风转换季节,从本航次调查期间的实测风速、风向可以看出,自调查船出港至5月13日期间,南海基本受东北偏东风(冬季风)影响,5月14日南海逐渐转为夏季风,风向转变为西南或偏南风。在中沙群岛调查期间,中沙大环礁和黄岩岛海域主要受西南或偏南风控制,风力相对较小,大多在4级风以下。在中沙群岛调查期间,气温基本稳定,平均气温为29.3 ℃。

2020年观测时间段为2020年6月20日至2020年7月6日。该航次期间南海海域受季风控制,属于夏季风盛行期,从调查期间的实测风速风向可以看出,本航次实时期间,调查海域主要受西南风影响,风力大多为4级及以上,6月23日和6月30日风力为6～7级。在中沙群岛调查期间,气温存在一定波动,平均气温(29.8 ℃)高于2019年调查期间平均气温。

2021年观测时间段为2021年6月15日至2021年6月25日。该航次期间南海海域受季风控制,属于夏季风盛行期,从调查期间的风向分布可看出中沙大环礁区风向基本为南向,风速在5 m/s以上。

## 3.2　代表季节分析

南海海域为季风控制影响海域,一般5月份是春季和夏季季风转换期,6月为夏季爆发期。南海春季和夏季季风转换期间的特征为风速波动小,风速高值区位于南海北部,为3.5～5 m/s,除北部湾以东风为主外,大部分海域为东北风。南海夏季风爆发后,南海低层风场从东北风转向为稳定的来自热带的西南风,南海大部分海域以西南风为主,风速高值区位于中南半岛附近海域。由2019年和2020年观测期间海表风场时间序列图可见，中沙大环礁 2019 年 5 月 11 日南海北部海域风场多为北风（图 3-1），而 2020 年 6 月 21 日南海北部海域已基本为南风覆盖，且 2019 年 5 月的平均风速小于 2020 年 6 月。因此，2019 年 5 月调查时段基本属于南海区春季风和夏季风转换期，2020 年 6 月调查时期则为夏季风爆发期（图 3-2）。

通过现场实测风场也可看出，2019 年 5 月观测期间大环礁海域风向由东北风和偏东风（春季风）转为西南或南风（夏季风），风力基本在 4 级以下，具有春、夏季季风转换期间的特征。2020 年 6 月观测期间，中沙群岛海域主要受西南风影响，风力较 2019 年 5 月航次有所增强，达到 4 级及以上，6 月 23 日和 30 日风力达到 6～7 级，具有夏季风爆发期的特征（图 3-3 和图 3-4）。因此，2019 年和 2020 年航次获取的温度和盐度数据可分别代表中沙群岛海域春、夏季季风转换期间和夏季风刚爆发后的温盐特征。而 2021 年的风速和风向分布可见，中沙大环礁区风向基本为南向，风速在 5 m/s 以上（图 3-5），说明调查期间本海区的夏季风已经爆发。

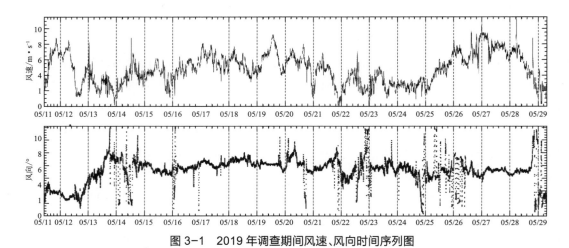

图 3-1　2019 年调查期间风速、风向时间序列图

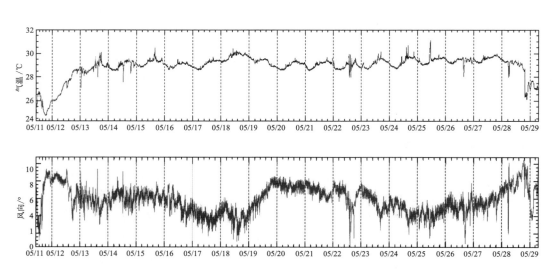

图 3-2（1）　2019 年调查期间气温、风向、气压时间序列图

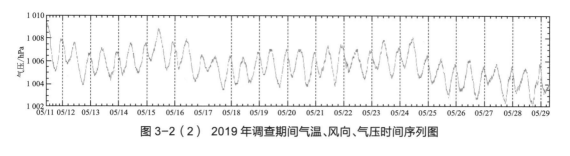

图 3-2（2） 2019 年调查期间气温、风向、气压时间序列图

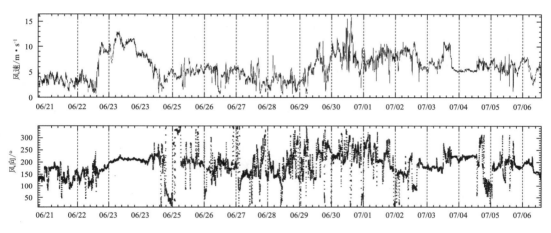

图 3-3 2020 年调查期间风速、风向时间序列图

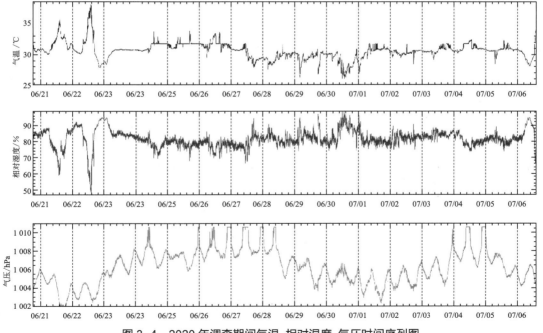

图 3-4 2020 年调查期间气温、相对湿度、气压时间序列图

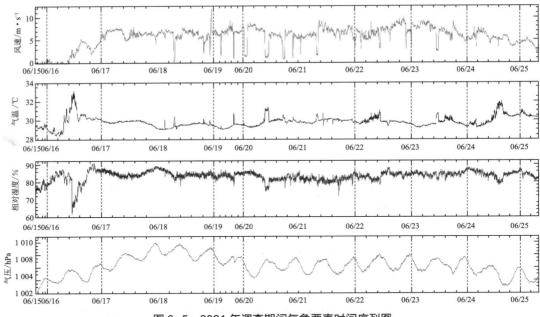

图 3-5　2021 年调查期间气象要素时间序列图

# 4

# 潮位特征

## 4.1 潮位特征分析

P1、P3 和 P4 海床基站分别位于中沙大环礁的东侧、中部和西侧,可分别代表中沙大环礁不同区域的潮位特征。通过潮位特征值分析可见,中沙大环礁的潮位特征并不一致,P1、P3 和 P4 的潮位特征存在一定差异。P1、P3 和 P4 最高高潮位分别为 81 cm、64 cm 和 74 cm,最低低潮位分别为 −76 cm、−65 cm 和 −77 cm,平均潮差分别为 89 cm、69 cm 和 98 cm,最大潮差分别为 154 cm、126 cm 和 151 cm,P3 站的潮差最小,P1 和 P4 站的潮差则较大。P1、P3 和 P4 的平均涨潮历时分别为 11 h 26 min、10 h 32 min 和 11 h 56 min,平均落潮历时分别为 9 h 04 min、7 h 49 min 和 9 h 18 min,P3 站的涨落潮历时最小(图 4-1、表 4-1)。

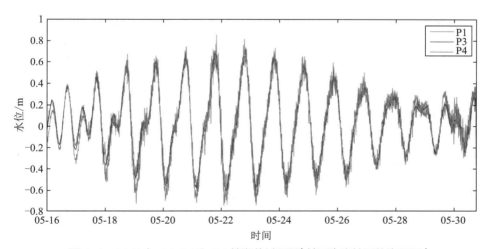

图 4-1 2019 年 P1、P3 和 P4 站潮位过程图(基面为当地平均海平面)

表 4-1 2019 年海床基测站潮汐特征统计

| 项　目 | P1 站(2019) | P3 站(2019) | P4 站(2019) |
|---|---|---|---|
| 最高高潮位 /cm | 81 | 64 | 74 |
| 最低低潮位 /cm | − 76 | − 65 | − 77 |

| 项 目 | P1 站（2019） | P3 站（2019） | P4 站（2019） |
|---|---|---|---|
| 平均潮差 /cm | 89 | 69 | 98 |
| 最大潮差 /cm | 154 | 126 | 151 |
| 平均涨潮历时 | 11 h 26 min | 10 h 32 min | 11 h 56 min |
| 平均落潮历时 | 9 h 04 min | 7 h 49 min | 9 h 18 min |

## 4.2　潮位调和分析

潮汐调和分析的结果表明，P1、P3 和 P4 站的潮汐特征值分别为 4.54、3.86 和 4.06，P3 站属于不正规全日潮，P1 和 P4 站属于规则日潮（通常根据主要日分潮（$K_1$ 和 $O_1$ 分潮）的振幅之和对主要半日分潮（$M_2$ 分潮）振幅比值的大小，当该数值介于 2.0 和 4.0 之间时，属不规则日潮，当该数值 > 4.0 时，属规则日潮）。因此，P1 和 P4 站的潮汐特征相似，P3 站则与 P1 和 P4 站略有不同。3 个测站的 $K_1$ 分潮均较大，$O_1$ 分潮均略小于 $K_1$ 分潮，$M_2$ 分潮振幅为 13 ～ 15 cm，$S_2$ 分潮最小，振幅为 5 ～ 6 cm。总体来看，3 个测站各分潮的迟角相差不大。从 3 个测站的迟角来看，P1 > P3 > P4，可以看出 $K_1$ 分潮传播的大致方向是从 P4 向 P1 传播（表 4-2）。

表 4-2　各站潮汐调和常数

| 分潮 | P1 站 | | P3 站 | | P4 站 | |
|---|---|---|---|---|---|---|
| | 振幅 /cm | 迟角 /° | 振幅 /cm | 迟角 /° | 振幅 /cm | 迟角 /° |
| $O_1$ | 25 | 260 | 25 | 260 | 25 | 265 |
| $K_1$ | 34 | 301 | 33 | 298 | 36 | 292 |
| $M_2$ | 13 | 294 | 15 | 294 | 15 | 306 |
| $S_2$ | 5 | 310 | 6 | 312 | 6 | 325 |

从中沙大环礁海域各海床基测站的潮汐特征可知，中沙大环礁内潮汐分布存在一定的差异，大环礁东西两侧环礁海域（P1 和 P4 测站）最高高潮位和最低低潮位均大于大环礁中心区域（P3 测站），平均潮差和最大潮差明显大于大环礁中心区域，大环礁中心区域的平均涨、落潮历时也明显小于大环礁边界海域，观测期间中沙大环礁海域内的水位分布存在不规律型，环礁四周与环礁中心的潮汐性质存在不同。

## 4.3　潮位预报

通过调和常数预报的水位与观测值基本一致，但 3 个站位在 2019 年 5 月 16 日至 6 月 2 日期间，预报结果与观测值出现较大偏差，可能是由于该时段出现的异常天气状况引起增减水所导致的（图 4-2 ～图 4-4）。

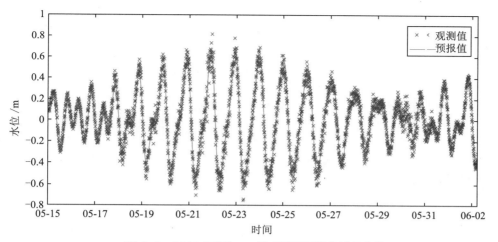

图 4-2  2019 年航次 P1 站观测期间潮位过程曲线

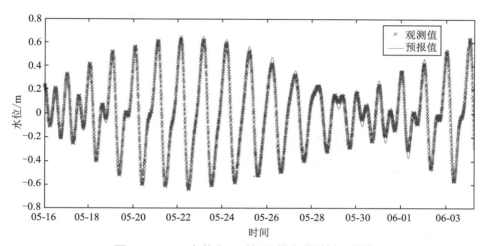

图 4-3  2019 年航次 P3 站观测期间潮位过程曲线

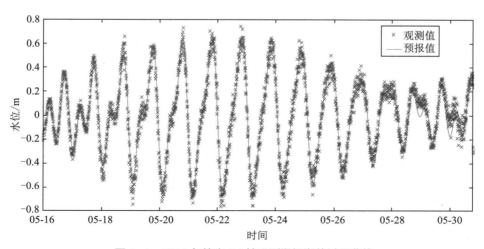

图 4-4  2019 年航次 P4 站观测期间潮位过程曲线

# 5

## 温度和盐度特征

### 5.1 2019 年春夏季温盐分布特征

#### 5.1.1 水团性质

由 2019 年 5 月航次的温盐点聚图(图 5-1)和垂向剖面分布图(图 5-2)可见,2019 年航次各站位间温盐性质变化较大。

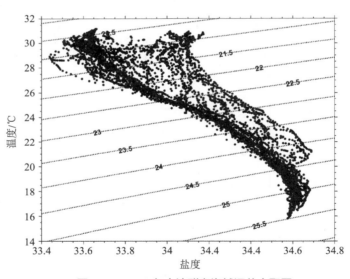

图 5-1 2019 年中沙群岛海域温盐点聚图

#### 5.1.2 水平分布特征

中沙大环礁表层和 10 m 层温度场分布呈现出西南高、东北低的特征,中沙大环礁向东南至黄岩岛呈递增趋势,黄岩岛邻近海域和中沙大环礁西部水温均略高于其他海域(图 5-3)。大环礁和黄岩岛邻近海域表层温度均较高,超过或等于 30 ℃,但中沙大环礁海域 10 m 层大部分低于 30 ℃,在 29 ℃左右,黄岩岛 10 m 层温度仍高于 30 ℃。总体来看,中沙大环礁和黄岩岛邻近海域表层和 10 m 层温度水平分布差异较小,温度最高值和最低值相

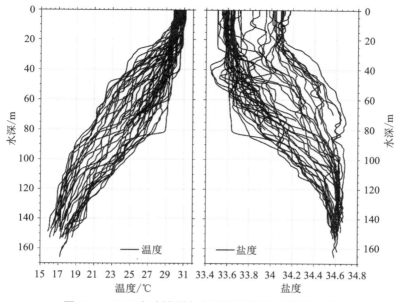

图5-2 2019年中沙群岛大面站温盐垂向剖面分布图

差未超过1.5 ℃。然而,中沙大环礁30 m层温度分布与表层相反,表层水温高、低值区发生转变,呈现西南温度低、东南和东北温度高的特征。不仅30 m层中沙大环礁西南的温度低值区等温线分布相对密集,而且水平高、低值差异较大,可达到4.5 ℃（图5-4）。黄岩岛邻近海域30 m层温度较10 m层有所下降,但大部分海域仍高于30 ℃（图5-5）。中沙大环礁50 m层温度分布与30 m层较为相似,但低值区面积较30 m层有所增大,等温线分布较为均匀,水平温度差异可达6 ℃。黄岩岛邻近海域50 m层的温度也略有下降,分布特征与30 m层类似。中沙大环礁75 m温度场分布与表层相反,呈现西南部低、其他区域高的特征,且低值区随深度增加范围显著增大。中沙大环礁底层温度中心高,环礁边缘深水区温度低,高、低值最大差异近20 ℃,但黄岩岛邻近海域底层温度明显高于中沙大环礁海域,其最高温度也不超过19 ℃,东西两侧温度相对低。根据调查船的同步气象观测可知,调查期间南海正处于春、夏季过渡时节,中沙大环礁温度分布主要受表层海水季风、太阳辐射等因素影响,环礁表层与底层温度水平分布差异较大,底层水温的变化明显受海水深浅的影响,环礁边缘水深大的区域温度低,环礁内浅水区则温度较高,导致环礁中心区域垂向温度差异小,环礁边缘垂向温度差异较大。

盐度场各层分布情况与表层温度场类似,呈现自西南向东北递减的趋势（图5-6、图5-7）;但与温度分布不同的是,在黄岩岛邻近海域附近并未出现高盐中心,反而表现为低盐区,且随深度增加盐度水平结构变化不大（图5-8）。底层盐度同样受地形影响,由中沙大环礁中心和黄岩岛向四周逐渐增大。

密度场各层分布情况与盐度非常相似,呈现自东南向西北递减的趋势,黄岩岛附近出现低密度区。底层密度同样受地形影响,由中沙大环礁中心向周围逐渐减小,但黄岩岛附近并未形成低密度中心。

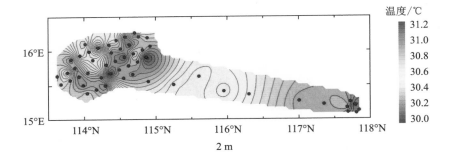

2 m

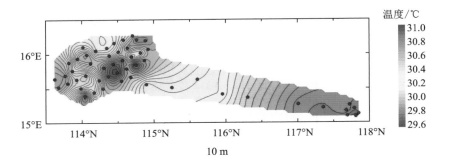

10 m

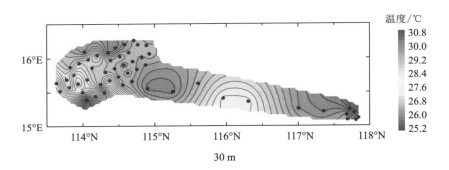

30 m

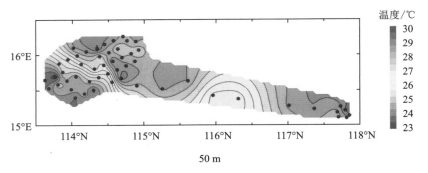

50 m

**图 5-3（1） 2019 年中沙群岛温度水平分布图**

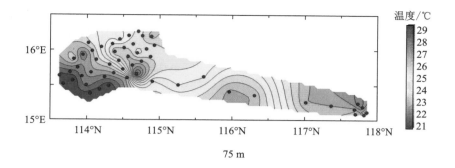

75 m

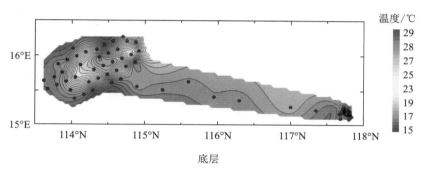

底层

图 5-3（2） 2019 年中沙群岛温度水平分布图

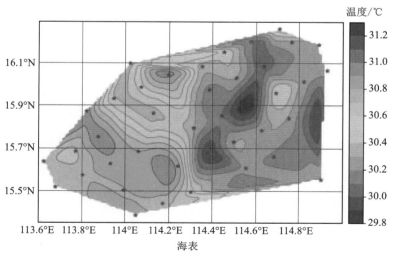

海表

图 5-4（1） 2019 年中沙大环礁温度水平分布图

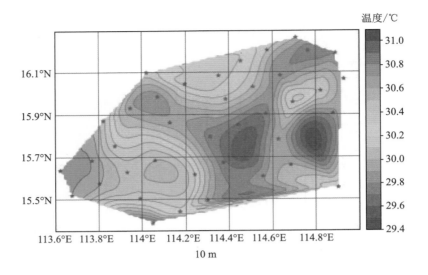

10 m

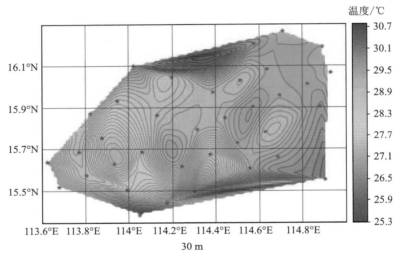

30 m

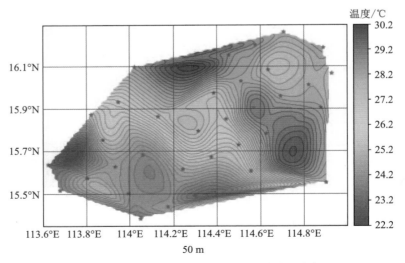

50 m

图5-4（2） 2019年中沙大环礁温度水平分布图

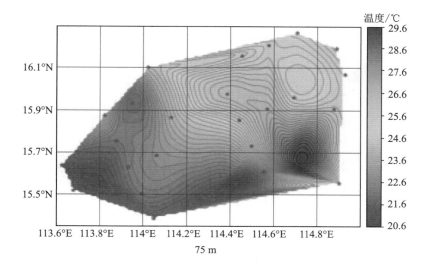

75 m

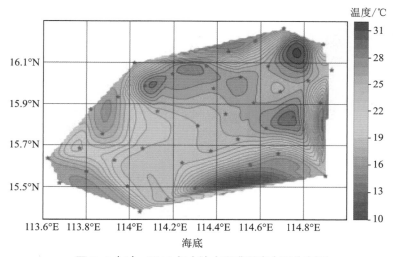

海底

图 5-4（3） 2019 年中沙大环礁温度水平分布图

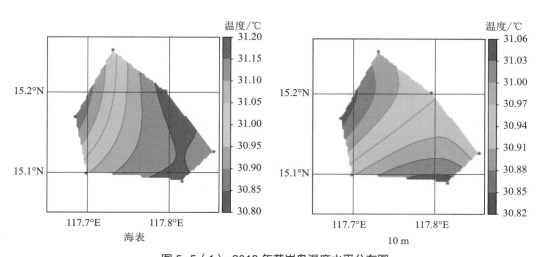

海表

10 m

图 5-5（1） 2019 年黄岩岛温度水平分布图

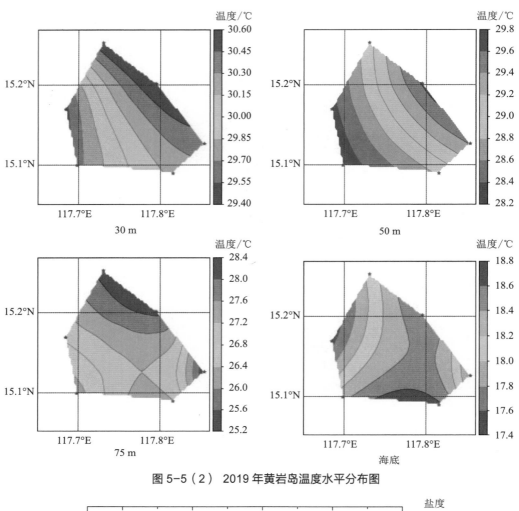

图 5-5（2） 2019 年黄岩岛温度水平分布图

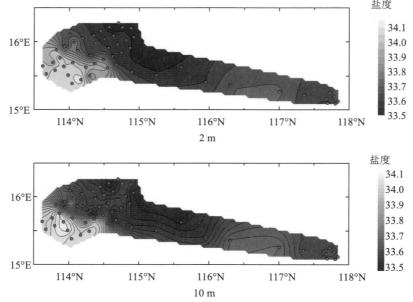

图 5-6（1） 2019 年中沙群岛盐度水平分布图

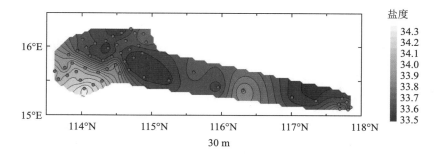

30 m

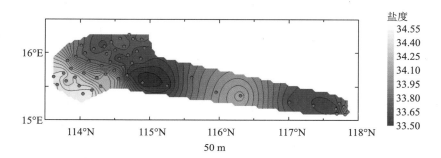

50 m

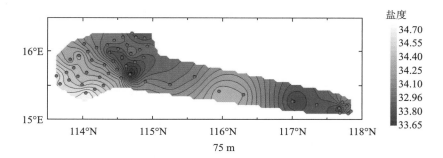

75 m

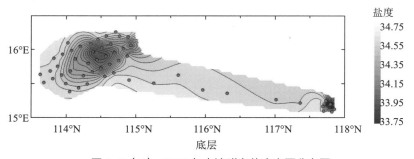

底层

图 5-6（2） 2019 年中沙群岛盐度水平分布图

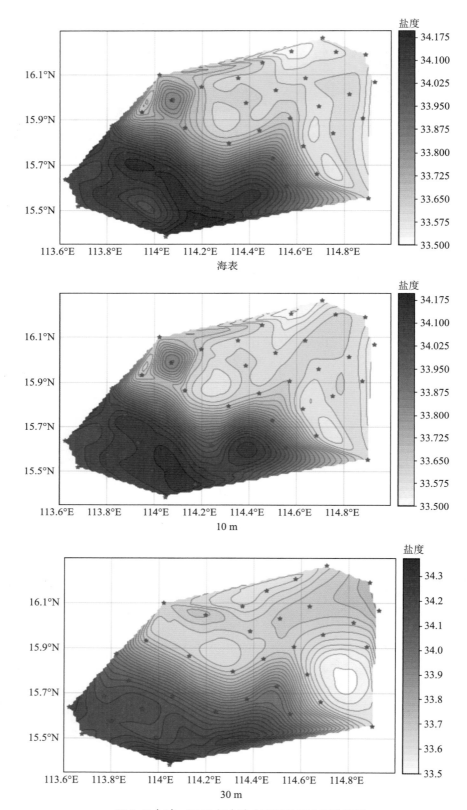

图 5-7（1） 2019 年中沙大环礁盐度水平分布图

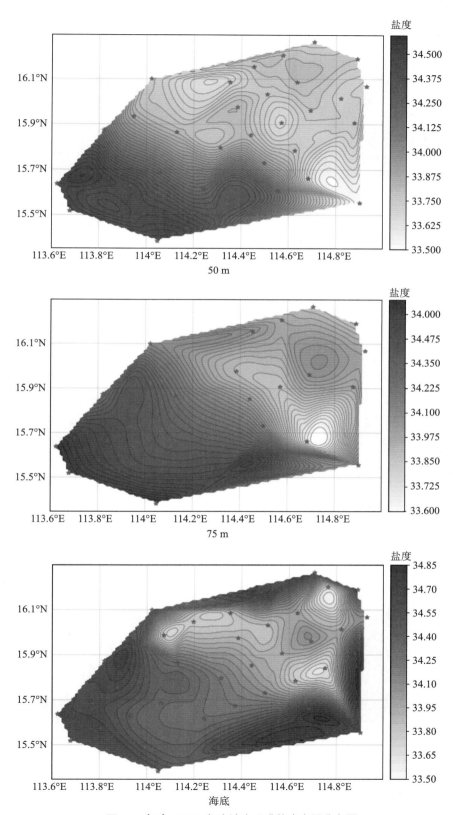

图 5-7（2） 2019 年中沙大环礁盐度水平分布图

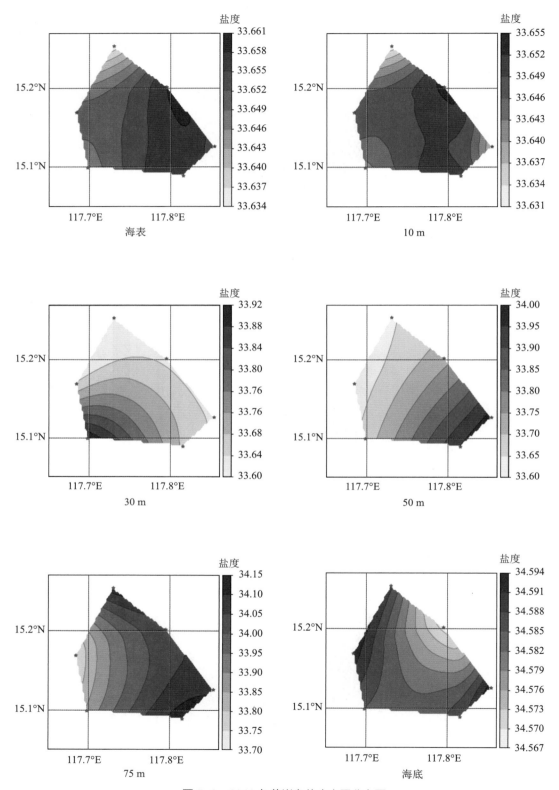

图5-8　2019年黄岩岛盐度水平分布图

### 5.1.3 剖面分布特征

本文选取了 4 个较为典型的站位,以分析中沙大环礁和黄岩岛海域温度和盐度的垂向分布,用以研究跃层的分布特征。由于 2019 年调查期间正值春夏交替、夏季风逐渐爆发期,海表风逐渐转为西南风,太阳辐射逐渐增强,表层海水逐渐增温,但由于该时期西南风较弱,搅拌作用不强,环礁中央水深浅的海域温盐垂直梯度较小,跃层深度一般为 30 ～ 70 m;水深相对深的环礁边缘海域,受风力搅动影响小,但西南部受气旋涡影响,跃层较浅,为 20 ～ 50 m,东北部受反气旋涡影响,跃层较深,为 60 ～ 80 m(图 5-9)。黄岩岛邻近海域跃层深度一般为 45 ～ 120 m(图 5-10)。

为进一步分析中沙大环礁海域温度、盐度的垂向分布特征,在中沙大环礁海域选取了一条 SW—NE 走向的断面,发现在环礁西南部存在上涌现象,而在环礁东北部则存在下沉的现象(图 5-11)。经与 2019 年 5 月观测期间的涡旋分布对比(图 5-12),发现中沙大环礁西南侧出现气旋涡(除 5 月 17 日至 20 日外),北侧偏西出现反气旋涡(观测期间一直存在),与温盐剖面一致。因此,中尺度涡是导致该区域产生中层温度西南低东北高以及盐度西南高东北低的主要原因,诱发中沙大环礁西南部形成低温高盐水。

由图 5-13 可见各个站位的温盐垂向分布图,中沙大环礁各站位呈现出显著的温盐跃层,但各站位的温盐跃层深度却存在较大的差异性。大环礁中部温盐跃层从 9 ～ 170 m,环礁区周边海域的跃层深度则从 15 ～ 140 m。黄岩岛海域的跃层深度则相对均一,跃层深度基本在 80 ～ 100 m 之间。

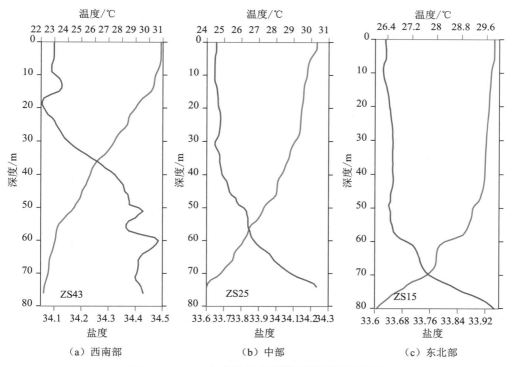

(a) 西南部　　　　　　　　(b) 中部　　　　　　　　(c) 东北部

**图 5-9　2019 年中沙大环礁附近温盐垂直剖面图**

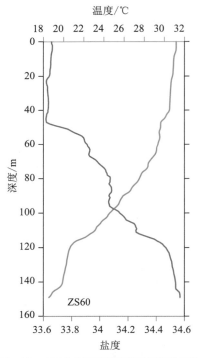

图 5-10　2019 年黄岩岛附近温盐垂直剖面图

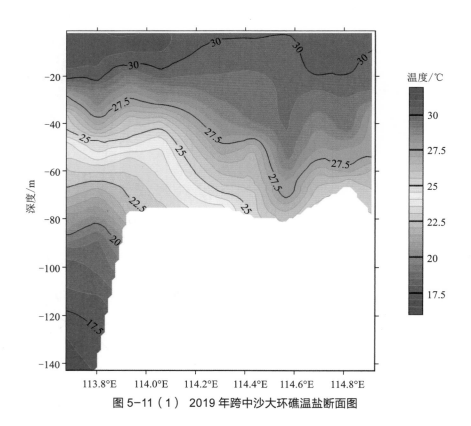

图 5-11（1）　2019 年跨中沙大环礁温盐断面图

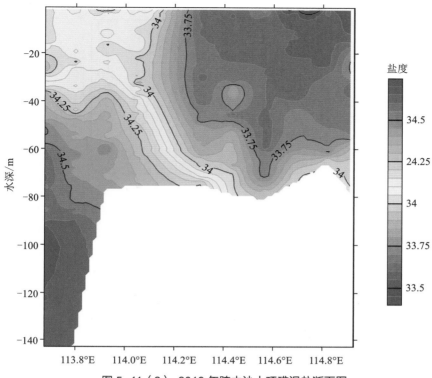

图 5-11（2）　2019 年跨中沙大环礁温盐断面图

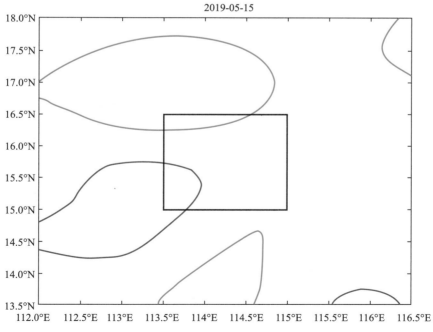

图 5-12　2019 年 5 月卫星高度计数据集提取的涡旋分布图
（黑色方框为中沙大环礁区域，红色曲线为反气旋涡，蓝色曲线为气旋涡）

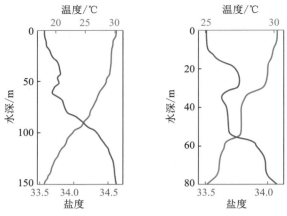

2019 年 ZS01、ZS02 站温盐垂直剖面图

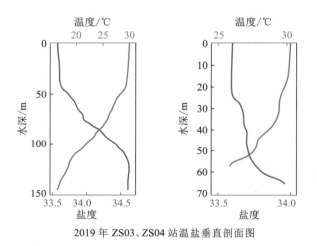

2019 年 ZS03、ZS04 站温盐垂直剖面图

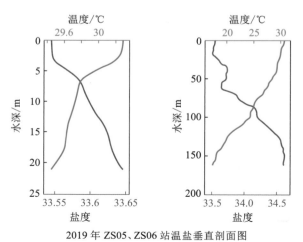

2019 年 ZS05、ZS06 站温盐垂直剖面图

**图 5-13（1） 2019 年各站位温盐垂直剖面图**

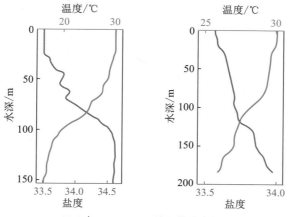

2019 年 ZS07、ZS08 站温盐垂直剖面图

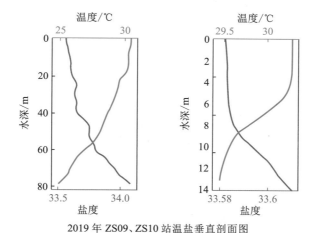

2019 年 ZS09、ZS10 站温盐垂直剖面图

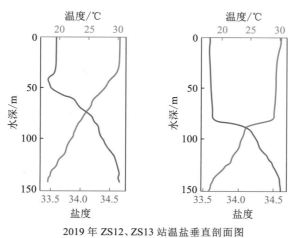

2019 年 ZS12、ZS13 站温盐垂直剖面图

**图 5-13（2） 2019 年各站位温盐垂直剖面图**

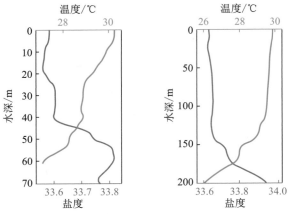

2019 年 ZS14、ZS15 站温盐垂直剖面图

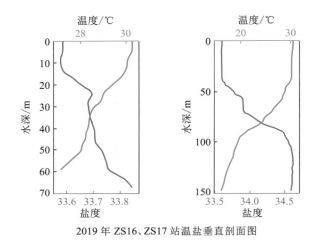

2019 年 ZS16、ZS17 站温盐垂直剖面图

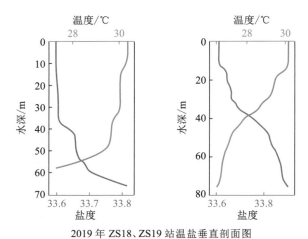

2019 年 ZS18、ZS19 站温盐垂直剖面图

**图 5-13（3） 2019 年各站位温盐垂直剖面图**

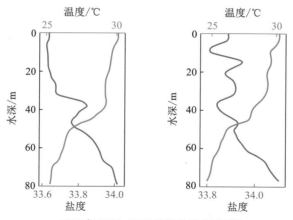

2019 年 ZS20、ZS21 站温盐垂直剖面图

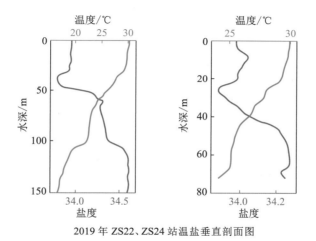

2019 年 ZS22、ZS24 站温盐垂直剖面图

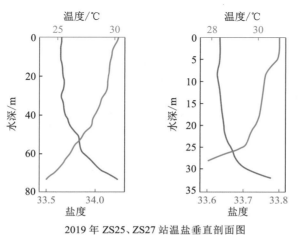

2019 年 ZS25、ZS27 站温盐垂直剖面图

图 5-13（4） 2019 年各站位温盐垂直剖面图

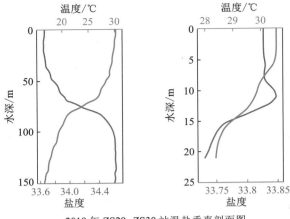

2019 年 ZS29、ZS30 站温盐垂直剖面图

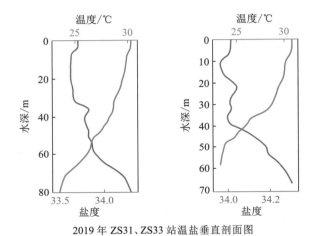

2019 年 ZS31、ZS33 站温盐垂直剖面图

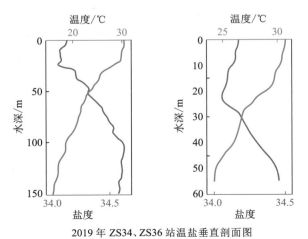

2019 年 ZS34、ZS36 站温盐垂直剖面图

**图 5-13（5） 2019 年各站位温盐垂直剖面图**

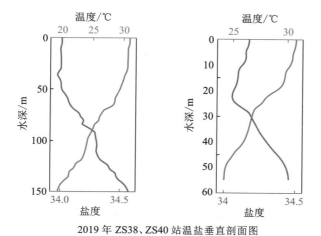

2019 年 ZS38、ZS40 站温盐垂直剖面图

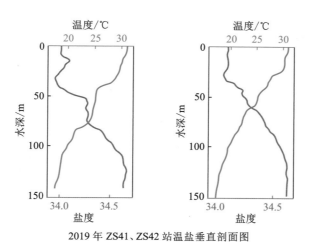

2019 年 ZS41、ZS42 站温盐垂直剖面图

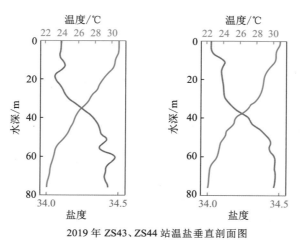

2019 年 ZS43、ZS44 站温盐垂直剖面图

**图 5-13（6） 2019 年各站位温盐垂直剖面图**

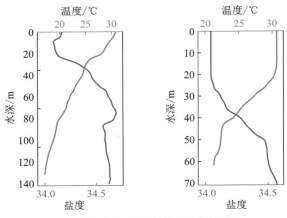

2019 年 ZS45、ZS47 站温盐垂直剖面图

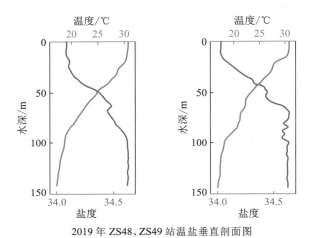

2019 年 ZS48、ZS49 站温盐垂直剖面图

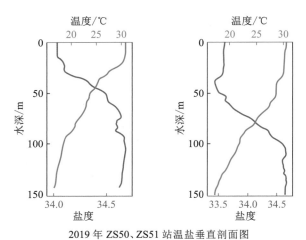

2019 年 ZS50、ZS51 站温盐垂直剖面图

**图 5-13（7） 2019 年各站位温盐垂直剖面图**

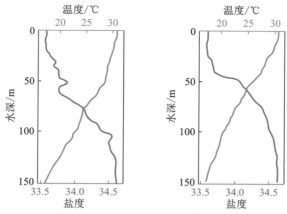

2019 年 ZS52、ZS53 站温盐垂直剖面图

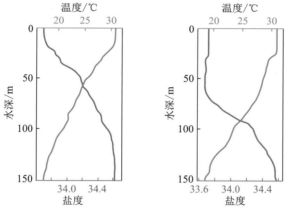

2019 年 ZS54、ZS56 站温盐垂直剖面图

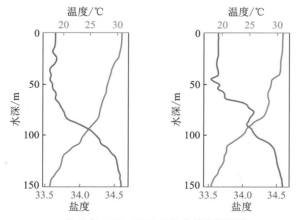

2019 年 ZS58、ZS59 站温盐垂直剖面图

**图 5-13（8） 2019 年各站位温盐垂直剖面图**

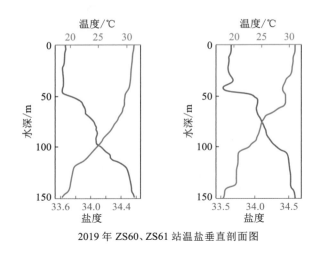

2019 年 ZS60、ZS61 站温盐垂直剖面图

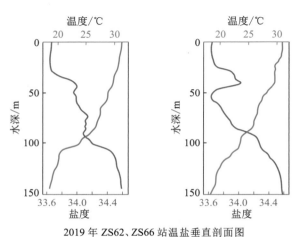

2019 年 ZS62、ZS66 站温盐垂直剖面图

**图 5-13（9）　2019 年各站位温盐垂直剖面图**

## 5.2　2020 年夏季温盐分布特征

### 5.2.1　水团性质

　　由 2020 年 6 月航次的温盐点聚图可见（图 5-14），2020 年 6 月航次的温盐分布相对均一。由于 2019 年和 2020 年的大面站调查区域基本位于中沙大环礁内，而 2021 年大面站调查区域主要位于中沙大环礁外侧，所以通过温度和盐度数据对比分析 2019 年和 2020 年中沙大环礁海域的水团性质。因此，2019 年 5 月中沙大环礁和黄岩岛海域春、夏季季风转化期间的温盐分布与 2020 年 6 月夏季风爆发后中沙大环礁海域的温盐分布存在一定的差异（图 5-15）。

### 5.2.2　水平分布特征

　　中沙大环礁表层和 10 m 层温度场分布呈现西南低、东北高的趋势，表层和 10 m 层温度均超过 30 ℃，表层温度存在 2 个高值区，分别位于大环礁东北和北偏西，温度均超过

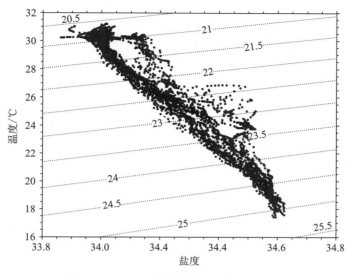

图 5-14　2020 年中沙大环礁海域温盐点聚图

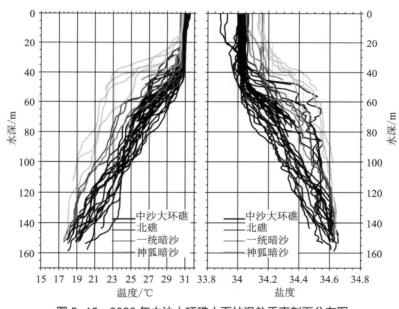

图 5-15　2020 年中沙大环礁大面站温盐垂直剖面分布图

31 ℃,温度低值区基本位于大环礁西南,约为 30.2 ℃,在环礁北部也存在 1 个较小的温度低值区。中沙大环礁表层等温线分布不均匀,越靠近温度极值,等值线的分布越密集。30 m 层温度分布呈现中部和北部高(均大于 30 ℃)而西南部低的特征,与 10 m 层相比温度高值区逐渐向中部扩大,等温线的分布开始呈环状。50 m 层温度分布与 30 m 层差异较大,2 个温度低值区分别位于大环礁西部和南部,2 个温度高值区位于西北和东北,最高温和最低温的差异明显增大,达到 3.5 ℃。至 75 m 层温度场变化较大,低值区随深度增加逐渐从西南到东北扩大,高值区位于大环礁东北,面积大幅缩小。底层温度分布受地形因素影响较明显,水深大的环礁边缘区域温度低,环礁内温度相对高(图 5-16)。

中沙大环礁海域表层和 10 m 层盐度分布相似,均在 114.6°E、15.9°N 处存在一个低值中心。30 m 和 50 m 层盐度场与温度场变化相反,低值区随深度增加逐渐从东北至西南扩大,盐度等值线多呈环状分布。75 m 层盐度高值区随深度增加逐渐从西南至东北扩大,盐度等值线分布较为均匀。底层盐度与温度分布同样受地形因素影响,水深较浅处盐度低,较深处盐度相对高(图 5-17)。

2020 年 6 月航次中沙大环礁海域北部温度明显高于南部,分别在 114°E、15.9°N 处和 114.6°E、16.1°N 处存在 2 个高值中心。底层海水温度主要受地形因素影响,环礁中部浅水区温度相对高,环礁边缘深水区温度低。

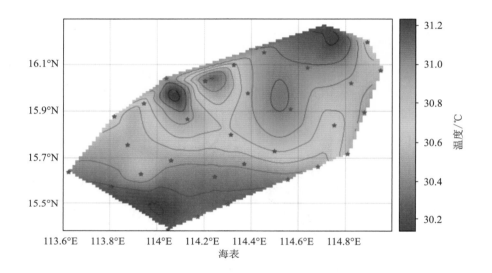

海表

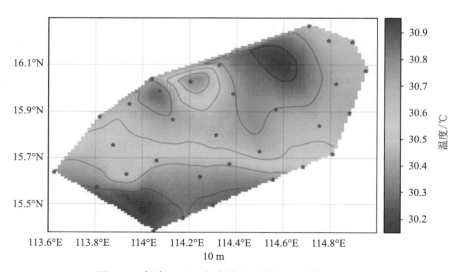

10 m

图 5-16(1) 2020 年中沙大环礁温度水平分布图

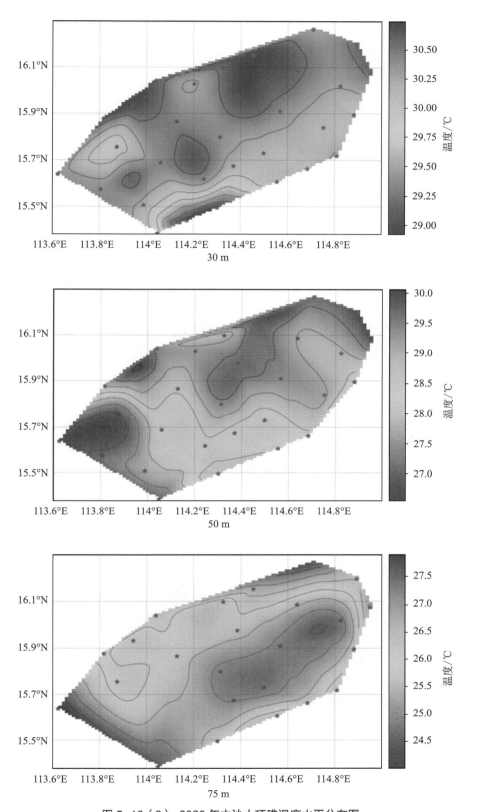

图 5-16（2） 2020 年中沙大环礁温度水平分布图

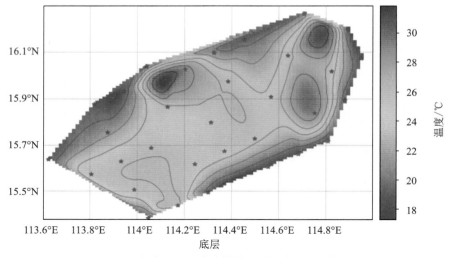

底层

图 5-16（3） 2020 年中沙大环礁温度水平分布图

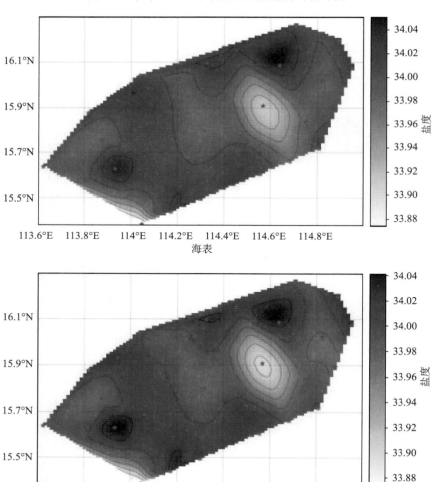

海表

10 m

图 5-17（1） 2020 年中沙大环礁盐度水平分布图

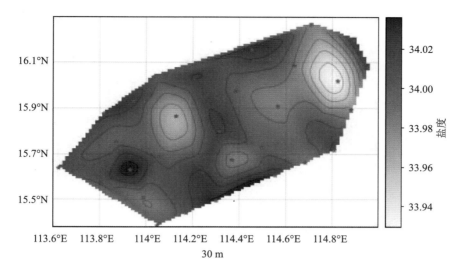

30 m

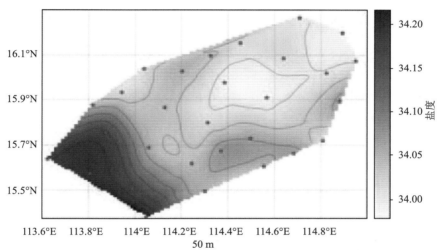

50 m

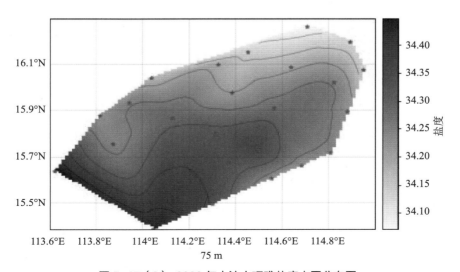

75 m

图 5-17（2） 2020 年中沙大环礁盐度水平分布图

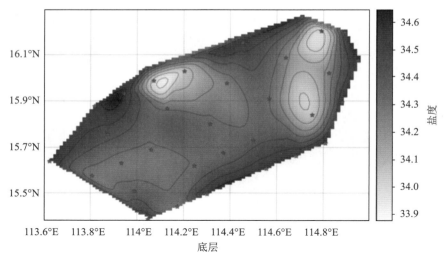

图 5-17（3） 2020 年中沙大环礁盐度水平分布图

### 5.2.3 剖面分布特征

根据跨中沙大环礁的 SW—NE 向温盐断面图,在环礁西南和东北部,30 m 层温度均有小幅度的下沉现象,30 m 以深除东北部环礁边缘外,等温线和等盐线均较为平直,故温度与盐度的跃层并无明显的异常现象,但在 114.6°E、15.9°N 的 20 m 以浅处附近存在一个高温低盐中心(图 5-18、图 5-19)。经与观测同期的涡旋分布对比,发现中沙大环礁区域的中北部偏东出现反气旋涡(除 6 月 30 日外),南部偏东出现气旋涡(观测期间一直存在),与上层温盐平面图一致。因此,中尺度涡可能是导致该区域产生上层温度西南低东北高而盐度西南高东北低特征的主要原因,即在中沙大环礁东北部形成高温低盐水。

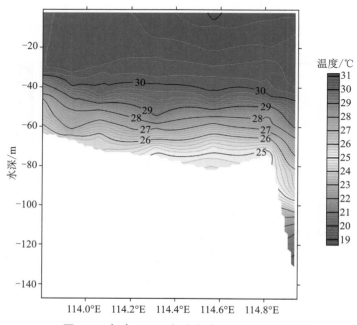

图 5-18（1） 2020 年跨中沙大环礁温盐断面图

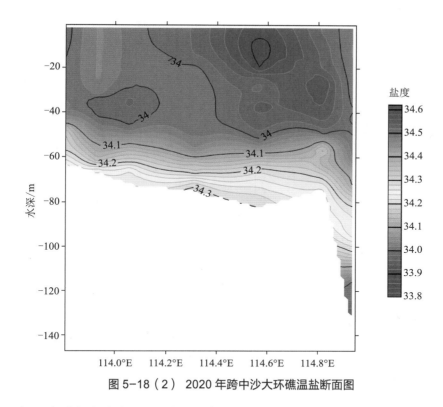

图 5-18（2） 2020 年跨中沙大环礁温盐断面图

　　2020 年调查时段为南海夏季，太阳辐射逐渐增强，表层海水温度较高，中沙大环礁内由于水深较浅，温度垂直梯度较小。相比于 2019 年 5 月，西南部由于气旋涡消失，跃层深度增加至 35 ~ 70 m；中部由于反气旋涡出现，跃层深度增加至 55 ~ 75 m；东北部跃层深度基本不变，为 50 ~ 80 m（图 5-19、图 5-20）。

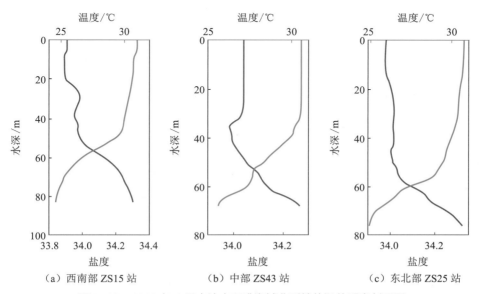

（a）西南部 ZS15 站　　　　　（b）中部 ZS43 站　　　　　（c）东北部 ZS25 站

图 5-19　2020 年 6 月中沙大环礁海域典型站位温盐垂直剖面图

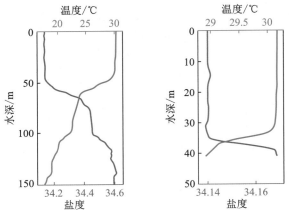

2020 年 BJ01、BJ02 站温盐垂直剖面图

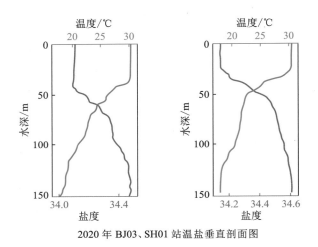

2020 年 BJ03、SH01 站温盐垂直剖面图

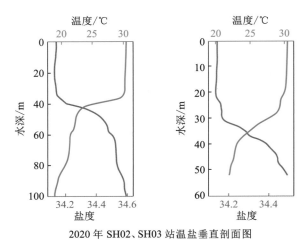

2020 年 SH02、SH03 站温盐垂直剖面图

**图 5-20（1） 2020 年各站位温盐垂直剖面图**

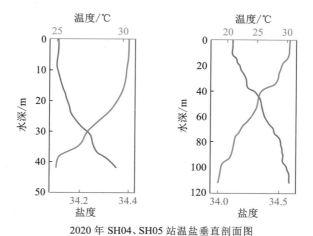

2020 年 SH04、SH05 站温盐垂直剖面图

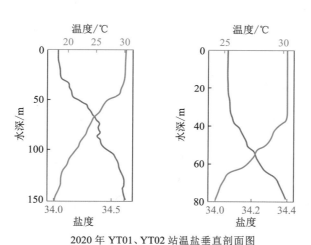

2020 年 YT01、YT02 站温盐垂直剖面图

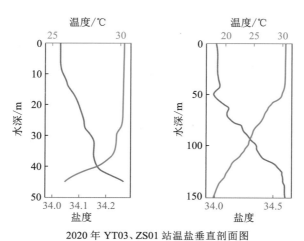

2020 年 YT03、ZS01 站温盐垂直剖面图

**图 5-20（2） 2020 年各站位温盐垂直剖面图**

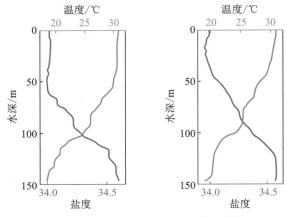

2020 年 ZS02、ZS03 站温盐垂直剖面图

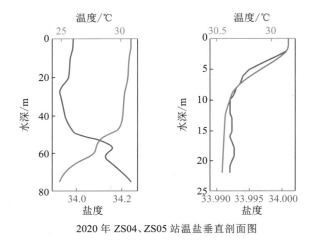

2020 年 ZS04、ZS05 站温盐垂直剖面图

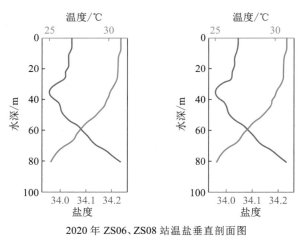

2020 年 ZS06、ZS08 站温盐垂直剖面图

**图 5-20（3） 2020 年各站位温盐垂直剖面图**

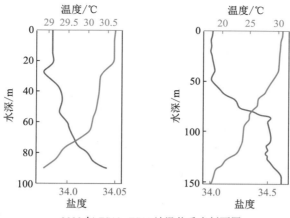

2020 年 ZS10、ZS11 站温盐垂直剖面图

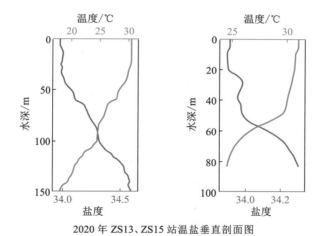

2020 年 ZS13、ZS15 站温盐垂直剖面图

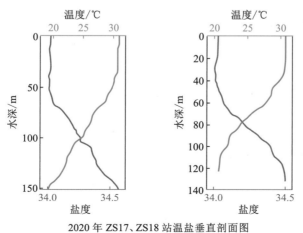

2020 年 ZS17、ZS18 站温盐垂直剖面图

**图 5-20（4） 2020 年各站位温盐垂直剖面图**

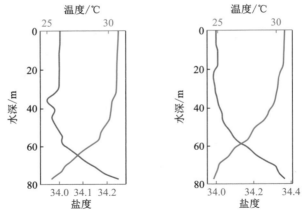

2020 年 ZS19、ZS21 站温盐垂直剖面图

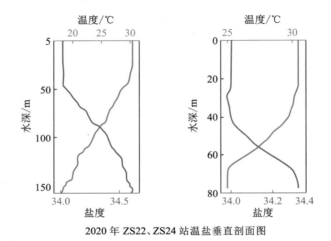

2020 年 ZS22、ZS24 站温盐垂直剖面图

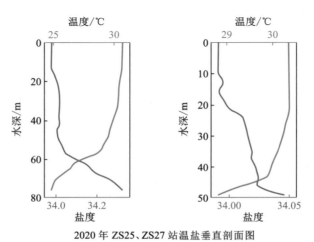

2020 年 ZS25、ZS27 站温盐垂直剖面图

**图 5-20（5） 2020 年各站位温盐垂直剖面图**

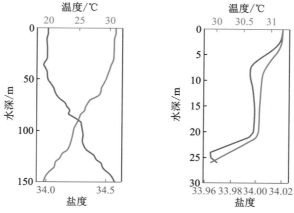

2020 年 ZS29、ZS30 站温盐垂直剖面图

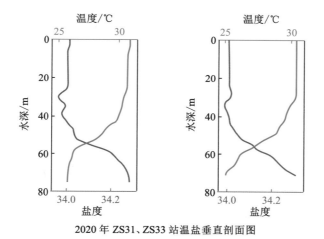

2020 年 ZS31、ZS33 站温盐垂直剖面图

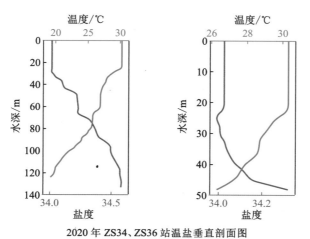

2020 年 ZS34、ZS36 站温盐垂直剖面图

**图 5-20（6） 2020 年各站位温盐垂直剖面图**

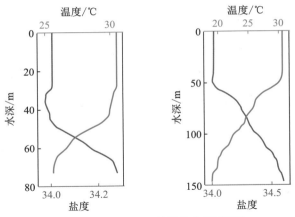

2020 年 ZS38、ZS40 站温盐垂直剖面图

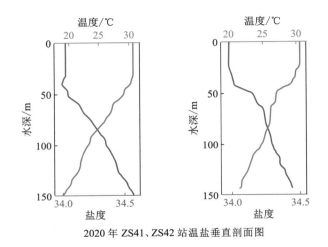

2020 年 ZS41、ZS42 站温盐垂直剖面图

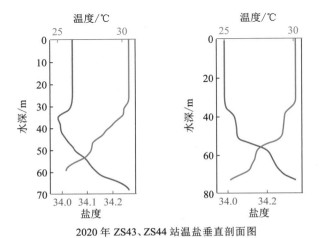

2020 年 ZS43、ZS44 站温盐垂直剖面图

**图 5-20（7） 2020 年各站位温盐垂直剖面图**

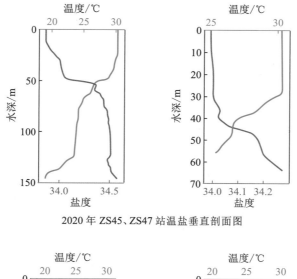

2020 年 ZS45、ZS47 站温盐垂直剖面图

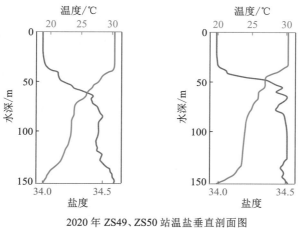

2020 年 ZS49、ZS50 站温盐垂直剖面图

图 5-20（8） 2020 年各站位温盐垂直剖面图

## 5.3　2021 年夏季温盐分布特征

### 5.3.1　水平分布特征

2021 年的调查范围与 2019 年和 2020 年有所不同，2021 年大面站站位较少，且调查范围主要位于中沙大环礁外围，故其水温和盐度分布与 2019 年和 2020 年存在一定差异。由 2021 年海水的温度水平分布可见，表层、10 m 和 20 m 层水温分布基本相似，呈现西部温度低、东部水温高的特征，温度低值区位于大环礁的中部，但温度高值区和低值区的水平温度梯度差异很小。至 30 m 层，温度低值区北移，呈现中间温度低、东西两侧温度高的特征，但大环礁东侧温度略高于西侧。至 50 m 层，温度低值区继续北移，南部温度略高于北部，并呈现出 3 个温度高值区，大环礁西南部的温度也相对较低，50 m 层的整体温度明显低于表层、10 m、20 m 和 30 m 层。至 75 m 层，水平温度分布完全与表层、10 m 和 20 m 层相反，呈现出西部温度高、东部温度低的特征，整体温度进一步降低。至 100 m 层，温度进一步下降，温度水平分布与 75 m 相似，但温度低值区的最低温度达到 20.6 ℃。至

125 m层,温度低值区的范围向西北扩大,整体温度继续下降。至150 m层,温度低值区的最低温度达到16.8 ℃,低值中心位于大环礁中心位置(图5-21)。

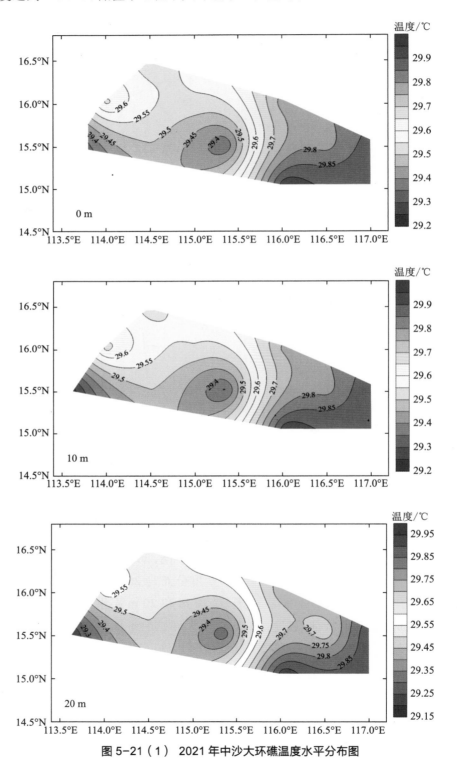

图 5-21(1) 2021 年中沙大环礁温度水平分布图

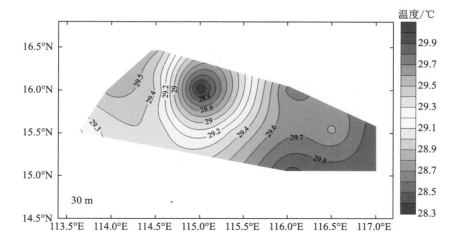

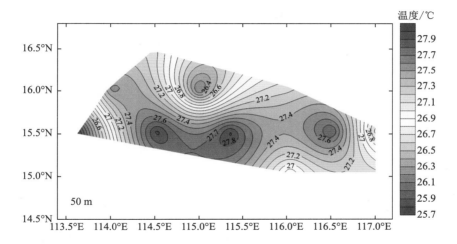

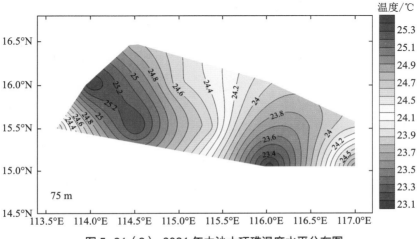

图 5-21（2） 2021 年中沙大环礁温度水平分布图

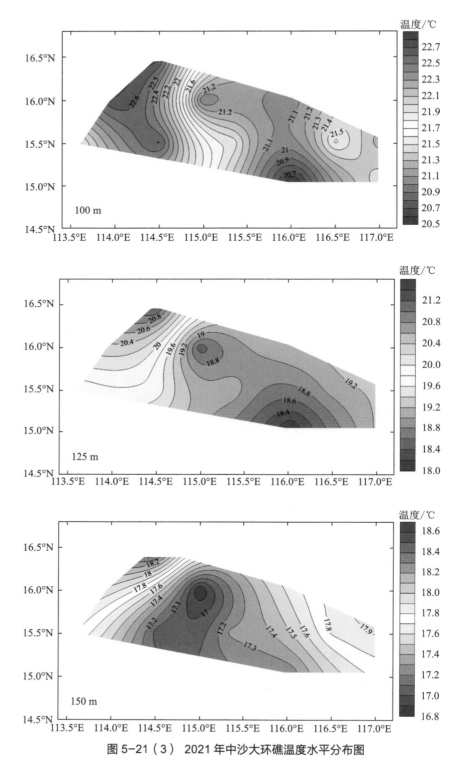

图 5-21（3） 2021 年中沙大环礁温度水平分布图

中沙大环礁盐度水平分布与温度水平分布相似,但盐度水平梯度差异很小,从表层至150 m 层盐度变化并不大(图 5-22)。

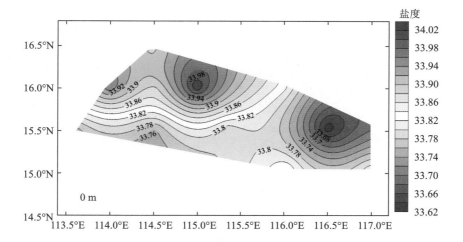

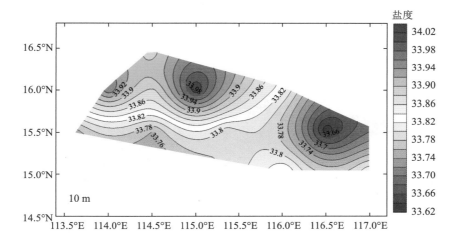

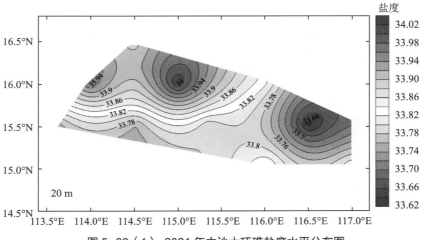

图 5-22（1） 2021 年中沙大环礁盐度水平分布图

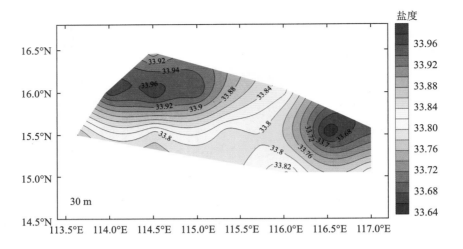

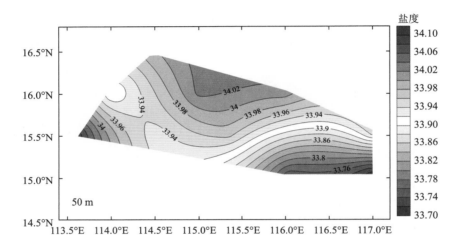

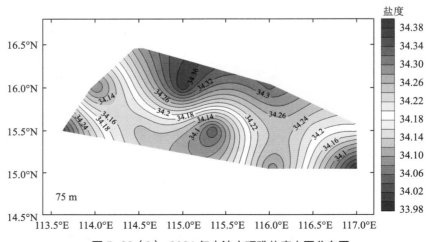

图 5-22（2） 2021 年中沙大环礁盐度水平分布图

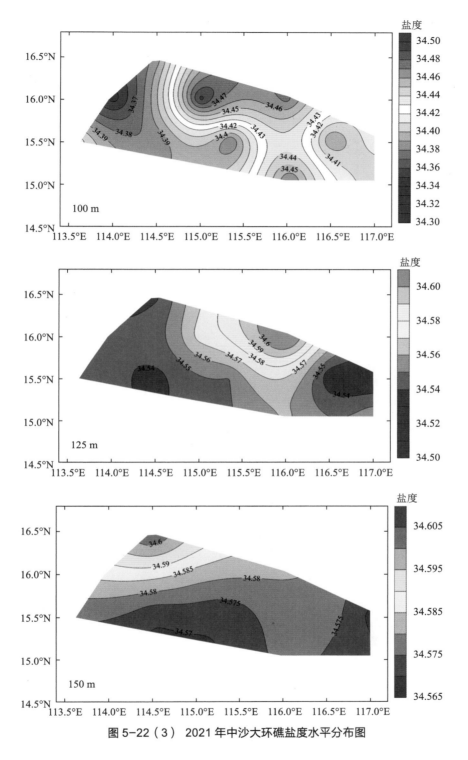

图 5-22（3） 2021 年中沙大环礁盐度水平分布图

## 5.3.2 剖面分布特征

2021 年的测站多分布于中沙大环礁外侧的深水区，个别站位的水深小于 100 m，其他测站的水深均大于 150 m。本书选取了代表性测站的温度、盐度和密度等要素的垂向分布图作为示例(图 5-23)。由图 5-24 可见,在夏季风爆发后,中沙大环礁周边水域受太阳辐射影响,升温较快,浅水区的温盐分布垂向上差异较小,但深水区(100 m 以深)温跃层的深度基本在 40～50 m 范围内,温跃层以深水域的温差明显,温跃层以浅水域的温度分布较为均一。

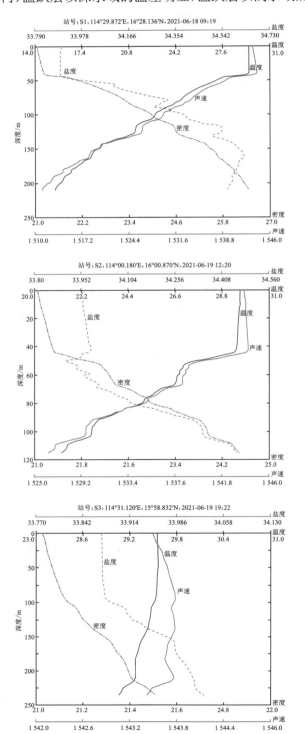

**图 5-23（1） 2021 年中沙大环礁海域典型站位温盐垂直剖面分布图**

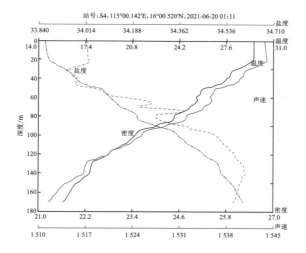

站号：S4，115°00.142′E，16°00.520′N，2021-06-20 01:11

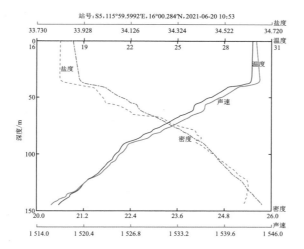

站号：S5，115°59.5992′E，16°00.284′N，2021-06-20 10:53

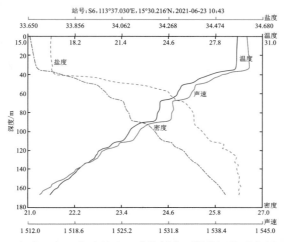

站号：S6，113°37.030′E，15°30.216′N，2021-06-23 10:43

图 5-23（2） 2021 年中沙大环礁海域典型站位温盐垂直剖面分布图

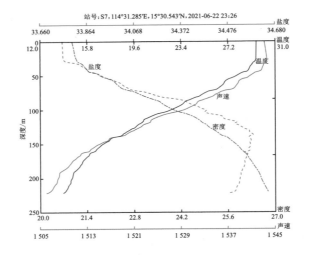

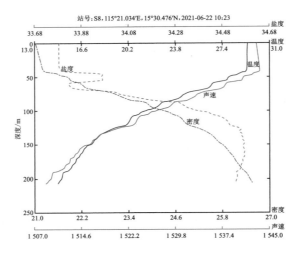

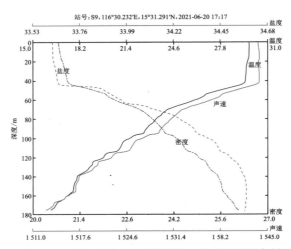

图 5-23（3） 2021 年中沙大环礁海域典型站位温盐垂直剖面分布图

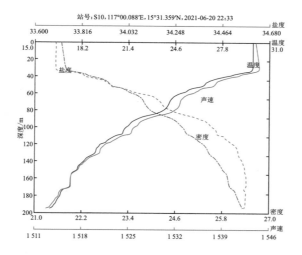

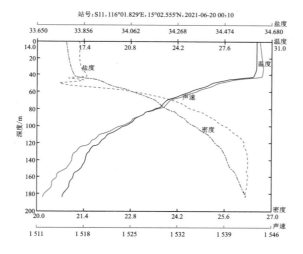

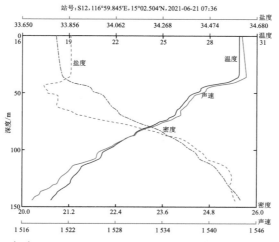

**图 5-23（4）** 2021 年中沙大环礁海域典型站位温盐垂直剖面分布图

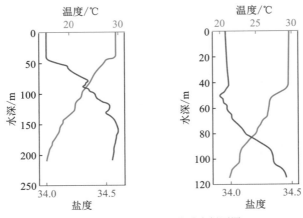

2021 年 S1、S2 站温盐垂直剖面图

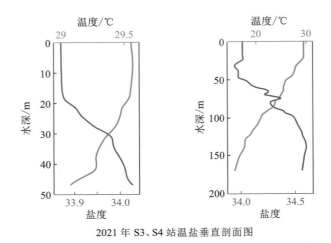

2021 年 S3、S4 站温盐垂直剖面图

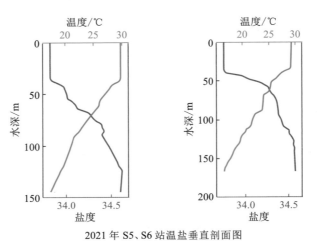

2021 年 S5、S6 站温盐垂直剖面图

**图 5-24（1） 2021 年各站位温盐垂直剖面图**

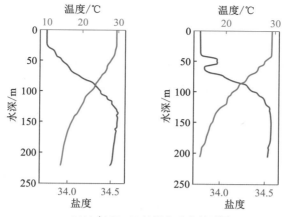

2021 年 S7、S8 站温盐垂直剖面图

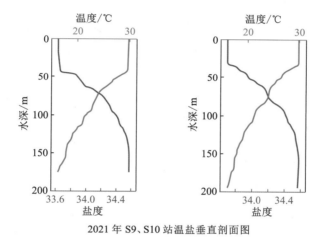

2021 年 S9、S10 站温盐垂直剖面图

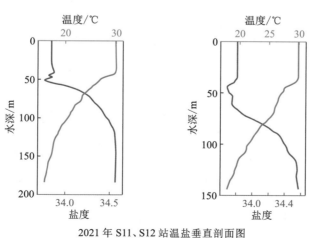

2021 年 S11、S12 站温盐垂直剖面图

**图 5-24（2） 2021 年各站位温盐垂直剖面图**

## 5.4  季风爆发前后温盐分布差异

通过 2019 年和 2020 年 2 个航次的气象数据分析可知,2019 年和 2020 年的大面站数据可代表南海夏季风爆发前后的温度和盐度变化特征,加之 2019 年和 2020 年的大面站调查站位较为相似,但 2 个航次温度水平和垂向分布均存在较大差异,故对比分析其差异性。由于 2020 年 6 月航次没有在黄岩岛附近设置调查站位,故仅对 2019 年 5 月和 2020 年 6 月航次中位于中沙大环礁调查数据开展对比分析。2019 年 5 月中沙大环礁温度从表层至底层各层温度水平分布特征差异较大,但 2020 年 6 月大环礁从表层至底层各层温度水平分布较为相似,说明太阳辐射和风应力对大环礁海域温度变化具有较大的控制作用,同时大环礁各层温度对太阳辐射和风应力作用的响应也存在差异。2019 年 5 月中沙大环礁海域表层和 10 m 层温度分布特征为西南高、东北低,而 2020 年 6 月则相反,呈现出西南低、东北高的分布特征,表明夏季风爆发后中沙大环礁东北部海域升温较快,其表层温度最高值也较 2019 年 5 月高出 0.2 ℃。2019 年 5 月中沙大环礁海域 10 m 层温度大部分低于30 ℃,而 2020 年 6 月则都超过 30 ℃,表明夏季风爆发后,环礁内浅水区升温较快。2019年 5 月中沙大环礁海域 30 m 层温度分布与表层相反,温度高、低值差异大,差值达到4.5 ℃。但 2020 年 6 月 30 m 层温度分布与表层相似,高、低值的差异很小,小于 1.5 ℃,只是在环礁西南部温度略低,其他区域温度基本高于 30 ℃,浅水区垂向混合较好。而2019 年 5 月环礁内 30 m 层温度基本低于 30 ℃。2019 年 5 月和 2020 年 6 月中沙大环礁海域 50 m 层温度分布趋势较为一致,但 2019 年温度差异要明显大于 2020 年,且温度最低值可达 22.5 ℃,大部分环礁海域温度均小于 30 ℃,2019 年 5 月 50 m 层温度最高值达到30.2 ℃,高于 2020 年 6 月大环礁海域 50 m 层最高温度(30 ℃)。2019 年 5 月和 2020 年 6月 75 m 层温度均低于 30 ℃,温度较低区域占据了环礁大部分海域,但 2020 年 6 月温度最高值要低于 2019 年 5 月,温度高值区的位置也不同,2019 年 5 月温度高值区位于环礁东南,而 2020 年 6 月温度高值区位于环礁东北边缘。2019 年 5 月 75 m 层温度高、低值差异进一步加大,达到 9 ℃,而 2020 年 6 月 75 m 层温度高、低值差异与 50 m 层基本相同,约为 3 ℃。2019 年 5 月和 2020 年 6 月大环礁底层温度分布趋势基本相同,但 2019 年 5 月大环礁边缘低温区温度更低,可达到 10 ℃(位于环礁南部),而 2020 年 6 月则超过 18 ℃。因此,2019年 5 月底层温度水平梯度(约 21 ℃)远高于 2020 年 6 月底层温度梯度(约 12 ℃)。

通过观测期间平均海表净热通量平面分布发现,2019 年 5 月环礁西南部海洋吸热高于东北部,导致表层温度西南高、东北低;2020 年 6 月至 7 月正好相反,环礁西南部海洋吸热低于东北部,导致表层温度西南低、东北高,与温度平面分布一致(图 5-25)。2019 年 5月和 2020 年 6 月航次观测结果均表明中沙大环礁海域局部产生了低温高盐或高温低盐水,而中尺度涡是导致其形成的主要原因。2020 年 6 月,由于西南部气旋涡的消失和中部反气旋涡的出现(图 5-26),西南部和中部温跃层深度增加。

以往对中沙群岛及邻近海域小尺度的温盐调查很少,多是从南海春夏季风转换期间大尺度范围的温盐变化角度开展调查或者研究。从南海大尺度范围的历史研究成果来看,中沙大环礁海域基本被南海局地水团控制,受黑潮水和其他流系的影响较小。夏季风爆发前后,中沙大环礁海域的表层和次表层温盐结构响应较快,均发生了明显变化,与南海上层水在夏季风爆发后的整体变化特征趋向一致,然而由于中沙大环礁内水深差异大,其响应方式和强弱存在较明显的差异,环礁内浅水区响应速度快,50 m 以深水域的响应显著滞后,表明南海夏季风对中沙大环礁海域的上层温盐结构具有重要的影响。此外,受中尺度涡旋影响的中沙大环礁局部海域存在低温高盐或高温低盐水体,并在大环礁区产生垂向流速切变,进一步加剧了温跃层深度增加,与夏季南海季风爆发后的温盐场调整趋势基本一致。

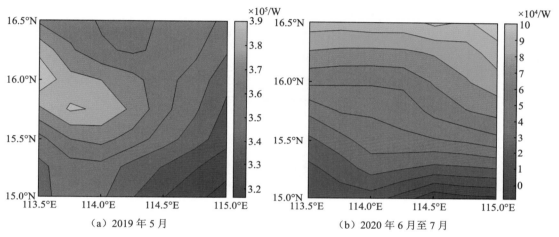

（a）2019 年 5 月　　　　　　　　　（b）2020 年 6 月至 7 月

图 5-25　2019 年 5 月和 2020 年 6 月至 7 月观测期间平均海表净热通量分布

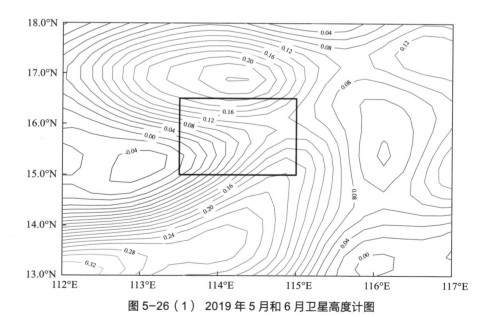

图 5-26（1）　2019 年 5 月和 6 月卫星高度计图

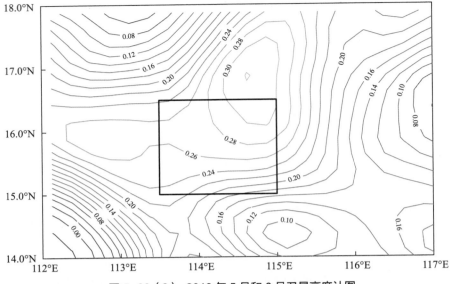

图 5-26（2） 2019 年 5 月和 6 月卫星高度计图

# 6 海流特征

## 6.1 海流统计特征

### 6.1.1 流速和流向统计

由于实际观测层数较多,结合 2019 年 P1、P4 海床基站以及 2020 年 P1、P2、P3、P4 海床基站的海流数据,仅对典型层次的流速和流向观测值进行统计。

2019 年 P1 站各层最大流速在 24.6～72.7 cm/s 之间变化,最大流速先随深度增加而增加,在次表层出现最大值后,又随深度增加而减小;各层最大流速为 72.7 cm/s,对应流向为 222°,出现在 8 m 层。各层平均流速在 6.9～24.9 cm/s 之间变化,平均最大流速出现在 4 m 层,随着水深增加平均流速减小,表层约为底层的 3.6 倍。观测期间出现最多的流向为 SW 向,其次为 W 向,随着水深的增加 W 流向频率变多,但同一时刻各层除 4 m 层外,流向基本一致。这说明在 4 m 左右的次表层存在较强的海流(图 6-1)。

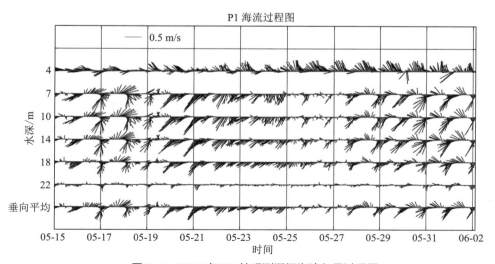

图 6-1 2019 年 P1 站观测期间海流矢量过程图

2019 年 P4 站各层最大流速在 32.1～72.4 cm/s 之间变化,最大流速随深度增加

而减小;各层最大流速为 72.4 cm/s,对应流向为 318°,出现在 4 m 层。各层平均流速在
10.5 ~ 31.5 cm/s 之间变化,随深度增加而减小,表层约为底层的 3.0 倍。观测期间,同一
时刻各层流向基本一致(图 6-2)。

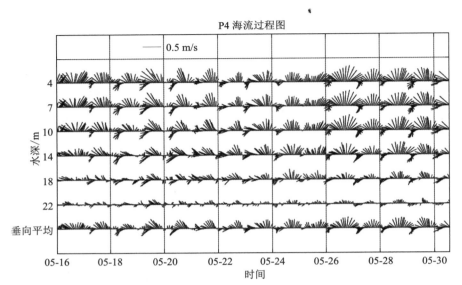

**图 6-2  2019 年 P4 站观测期间海流矢量过程图**

2020 年 P1 站各层最大流速在 45.6 ~ 89.3 cm/s 之间变化,各层之间相差不大,上层
大于下层;各层最大流速为 89.3 cm/s,对应流向为 182°,出现在 10 m 层;各层平均流速在
17.5 ~ 30.0 cm/s 之间变化,10 m 层平均流速最大,为 30.0 cm/s,随着水深增加平均流速
减小,表层约为底层的 1.7 倍。观测期间出现最多的流向为 S 和 SSW 向,其次为 SW 向,
随着水深的增加 S 和 SSW 流向频率变多,但同一时刻各层流向基本一致。从各层流速、流
向看,各层海流具有较明显的涨落潮流特征(图 6-3)。

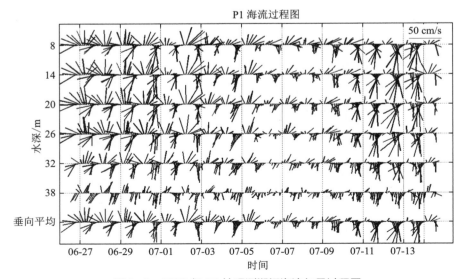

**图 6-3  2020 年 P1 站观测期间海流矢量过程图**

2020 年 P2 站各层最大流速在 68.1 ～ 112.8 cm/s 之间变化,最大流速在 4 ～ 6 m 层,远大于其他层,随深度增加而减小至 10 m 层,至 14 m 层略有攀升,后又随深度增加而减小;各层最大流速为 112.7 cm/s,对应流向为 350°,出现在 6 m 层。各层平均流速在 10.5 ～ 61.8 cm/s 之间变化,与最大流速垂直变化结构类似,平均最大流速出现在 4 m 层,随着水深增加平均流速迅速减小至 10 m 层后,又略有增加,后又随深度增加而减小,表层约为底层的 5.8 倍。观测期间,同一时刻各层除 4 m 层外,流向基本一致。这说明在 4 m 左右的次表层存在较强的海流(图 6-4)。

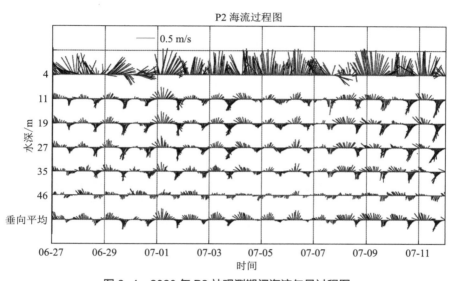

图 6-4  2020 年 P2 站观测期间海流矢量过程图

2020 年 P3 站各层最大流速在 22.8 ～ 47.7 cm/s 之间变化,最大流速随深度增加而减小;各层最大流速为 47.7 cm/s,对应流向为 207°,出现在 4 m 层。各层平均流速在 7.6 ～ 17.6 cm/s 之间变化,随深度增加而减小,表层约为底层的 2.3 倍。观测期间,同一时刻各层流向基本一致(图 6-5)。

2020 年 P4 站各层最大流速在 32.9 ～ 83.3 cm/s 之间变化,各层之间相差较大,上层明显大于下层;各层最大流速为 83.3 cm/s,对应流向为 202°,出现在 8 m 层;各层平均流速在 13.6 ～ 36.0 cm/s 之间变化,10 m 层平均流速最大,为 36.0 cm/s,随着水深增加平均流速减小,表层约为底层的 2.6 倍。观测期间出现最多的流向为 SSW,其次为 S 向,随着水深的增加 SSW 和 S 流向频率变少,整个观测期间,P4 站流向基本集中在 SSE ～ SW 向之间,且同一时刻各层流向基本一致(图 6-6)。

因此,综合 2019 年和 2020 年 2 个航次的海流观测结果来看,由于海床基测站多位于水深 30 m 以浅的环礁区域内,故海流从表层至底层流向呈现较好的均一性,流速由表层至底层逐渐减小。

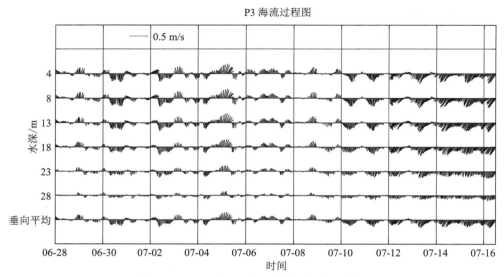

图 6-5　2020 年 P3 站观测期间海流矢量过程图

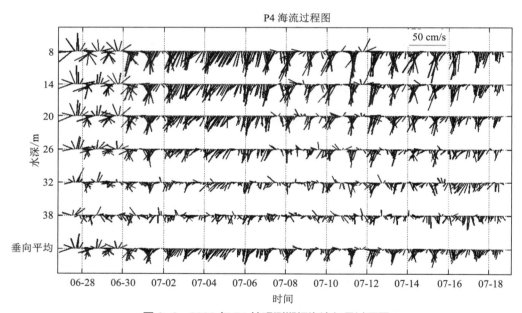

图 6-6　2020 年 P4 站观测期间海流矢量过程图

## 6.1.2　流速和流向联合分布

2019 年 P1 站观测期间 4 m 层以 W 和 NW 方向出现频率最多,达到 77%,而其他各层 SW 方向的海流出现频率最多,S 和 W 方向出现频率次之,这三个方向海流总共的出现频率为 65% ～ 75%;随着水深增加,SW 方向略微减少,而 W 方向频率增加(图 6-7)。

2019 年 P4 站观测期间,海流方向出现频率的垂向变化不大,方向集中在 SW、W、NW 和 N 方向,累计出现频率为 67% ～ 87%。4 m 层、7 m 层和 10 m 层的 NE 方向频率也较高,分别为18%、18%和13%，随水深增加，NE方向的频率不断减小，至22 m层，NE方向频率仅剩4%，而SW和W方向增加（图6-8）。

2020年P1站观测期间，海流中以S、SSW、NNE和NE 4个方向出现频率最多，这4个方向海流总共的出现频率为40%～65%；在8 m层中出现的频率分别为13.02%、9.30%、8.37%和9.30%，在20 m层中出现的频率分别为15.58%、12.79%、10.47%和6.98%，在38 m层中出现的频率分别为23.49%、22.43%、11.86%和6.98%。随着水深增加，S和SSW向流增加而NE向流频率减少。P1站流速、流向联合分布中，14 m、20 m、26 m、32 m和38 m层中均是流速为10～19 cm/s的出现频率最多，在各层占的频率分别为24.88%、25.11%、26.51%、30.70%和40.70%，其次为20～29 cm/s的流速，占比频率与前者相差不大；8m层中流速为20～29 cm/s的出现频率最多，为24.88%。在各层中超过70 cm/s的流速分别占3.26%、3.49%、2.09%、0%、0%和0%，超过70 cm/s的流速中，主要为S和SSW向流，从流速、流向玫瑰图中也可以看出大流速值的流向基本集中在S～SSW之间（图6-9）。

2020年P2站观测期间，4 m层以N和NW方向出现频率最多，分别为49%和21%，而其他各层方向较为分散，N和S方向的海流出现频率最多，这两个方向海流总共的出现频率为39%～64%；随着水深增加，N和S方向频率增加，其他方向减少。这说明P2站4 m左右次表层有N向余流，而次表层以下表现为潮流性质（图6-10）。

2020年P3站观测期间，海流方向出现频率的垂向变化不大，以S和SW方向的海流出现频率最多，这两个方向海流总共的出现频率为51%～59%。由于各层频率变化不大，因此考虑各层频率垂向平均后，出现在S和SW方向的频率分别为27%和26%，N向次之，为12%，其他方向在5%～8%之间（图6-11）。

2020年P4站观测期间，海流中以SSW、S、SW和SSE 4个方向的海流出现频率最多，这4个方向海流总共的出现频率为50%～70%；在8 m层中出现的频率分别为31.40%、20.70%、10.23%和9.77%，在20 m层中出现的频率分别为26.05%、14.65%、14.65%和10.23%，在38 m层中出现的频率分别为13.95%、11.63%、12.56%和15.12%。随着水深增加，SSW和S向流减少而SSE向流频率增减。P4站流速、流向联合分布中，8 m和14 m层流速为30～39 cm/s的出现频率最多，在各层占的频率分别为22.09%和25.81%；20 m和26 m层中均是流速为20～29 cm/s的出现频率最多，在各层占的频率分别为34.42%和36.98%；32 m和38 m层中均是流速为10～19 cm/s的出现频率最多，在各层占的频率分别为46.04%和60.70%。在各层中超过60 cm/s的流速分别占8.60%、1.16%、0%、0%、0%和0%，超过60 cm/s的流速中，主要为S和SSW向流（图6-12）。

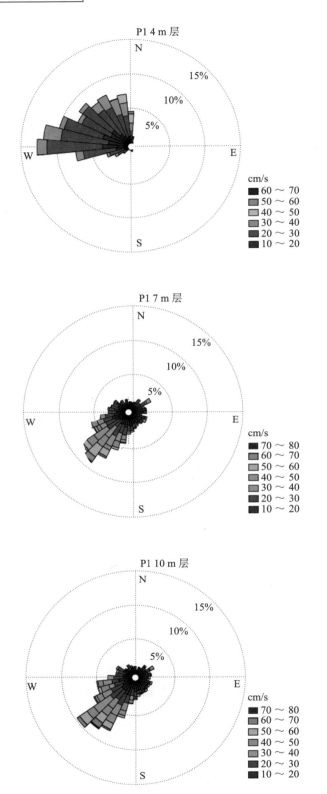

图6-7（1） 2019年P1站观测期间4 m、7 m、10 m、14 m、18 m、22 m层流速与流向联合分布玫瑰图

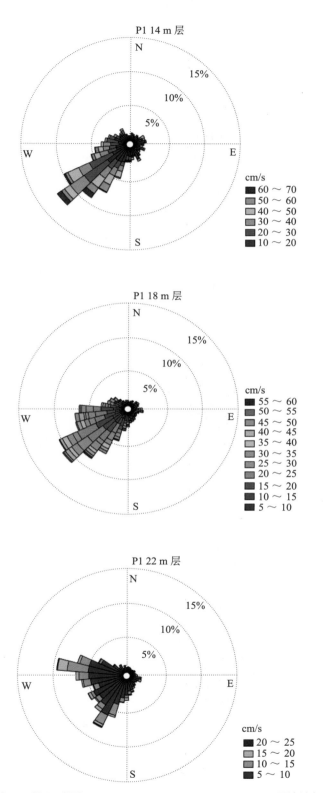

图6-7（2） 2019年P1站观测期间4 m、7 m、10 m、14 m、18 m、22 m层流速与流向联合分布玫瑰图

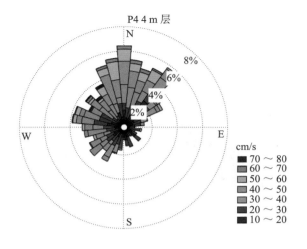

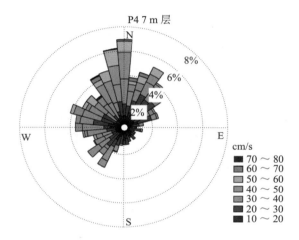

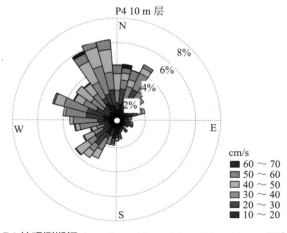

图 6-8（1） 2019 年 P4 站观测期间 4 m、7 m、10 m、14 m、18 m、22 m 层流速与流向联合分布玫瑰图

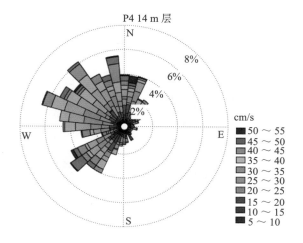

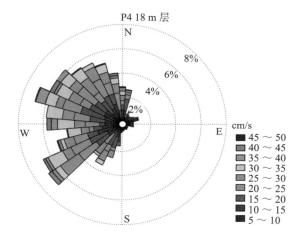

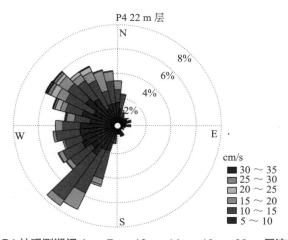

图 6-8（2） 2019 年 P4 站观测期间 4 m、7 m、10 m、14 m、18 m、22 m 层流速与流向联合分布玫瑰图

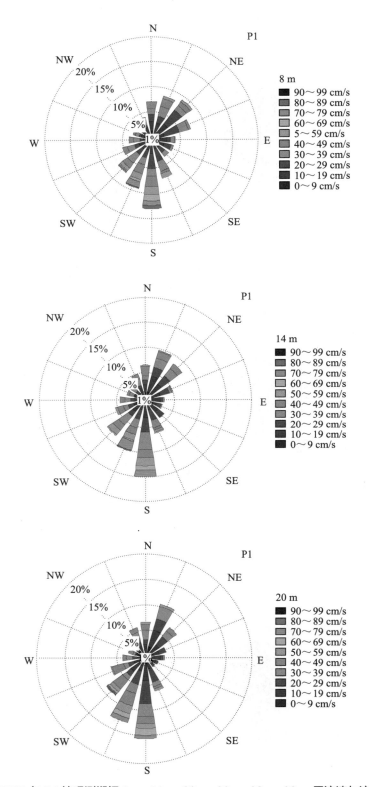

图 6-9（1） 2020 年 P1 站观测期间 8 m、14 m、20 m、26 m、32 m、38 m 层流速与流向联合分布玫瑰图

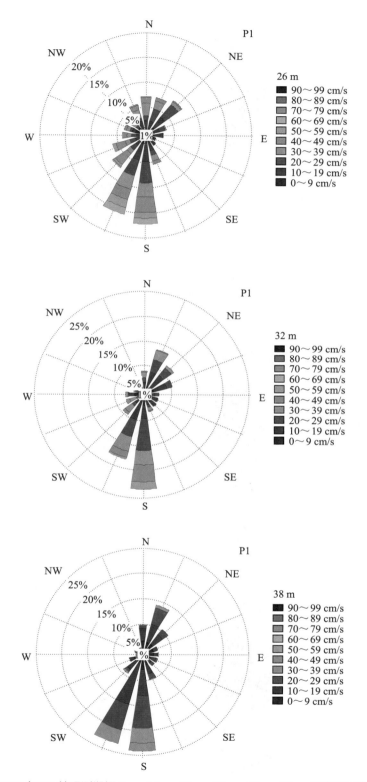

图 6-9（2） 2020 年 P1 站观测期间 8 m、14 m、20 m、26 m、32 m、38 m 层流速与流向联合分布玫瑰图

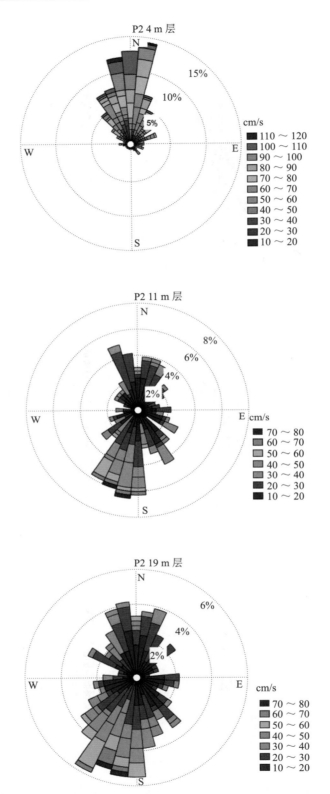

图 6-10（1） 2020 年 P2 站观测期间 4 m、11 m、19 m、27 m、35 m、46 m 层流速与流向联合分布玫瑰图

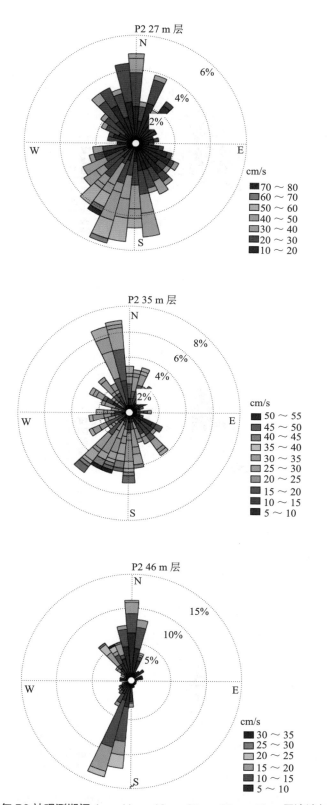

图 6-10（2） 2020 年 P2 站观测期间 4 m、11 m、19 m、27 m、35 m、46 m 层流速与流向联合分布玫瑰图

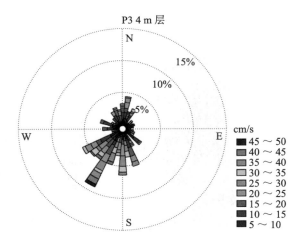

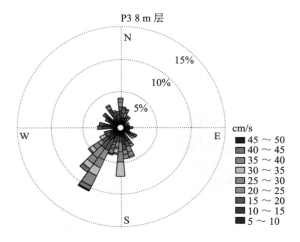

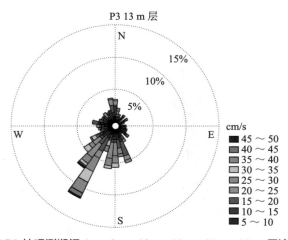

图 6-11（1） 2020 年 P3 站观测期间 4 m、8 m、13 m、18 m、23 m、28 m 层流速与流向联合分布玫瑰图

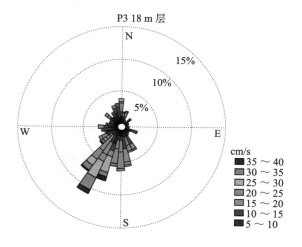

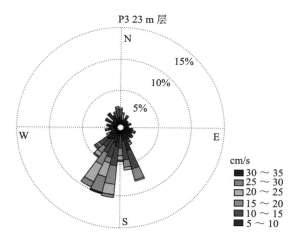

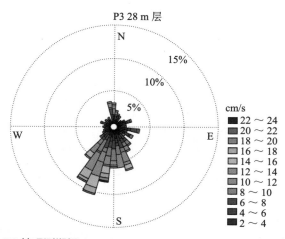

**图 6-11（2）** 2020 年 P3 站观测期间 4 m、8 m、13 m、18 m、23 m、28 m 层流速与流向联合分布玫瑰图

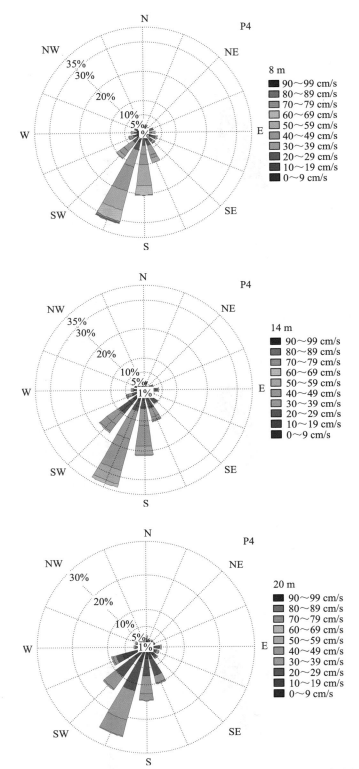

图 6-12（1） 2020 年 P4 站观测期间 8 m、14 m、20 m、26 m、32 m、38 m 层流速与流向联合分布玫瑰图

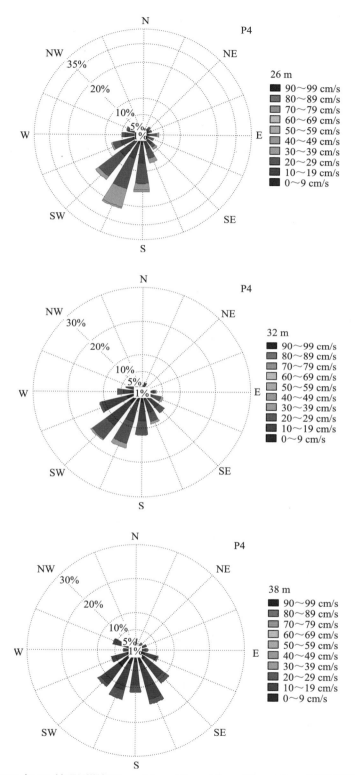

图 6-12（2） 2020 年 P4 站观测期间 8 m、14 m、20 m、26 m、32 m、38 m 层流速与流向联合分布玫瑰图

### 6.1.3  潮流调和分析

潮流计算采用了 Pawlowicz 等提供的潮流调和分析 Matlab 程序包。潮流调和分析可以将不同天文分潮的频率固定,并将实际海水的流动分解成由不同天文分潮的作用引起的流动和非周期性质的余流部分。只要时间序列足够长,就能够将频率相隔很近的分潮完全进行分离,得到各个天文分潮的潮流椭圆要素,本章节所得各潮流要素是在 95% 的信度下得到的。

2019 年 P1 站各层的主要分潮流中,以全日分潮流 $K_1$ 和 $O_1$ 的长半轴最大,最大 $K_1$ 分潮为 14 cm/s,出现在 12 m 层,最大 $O_1$ 分潮为 14 cm/s,出现在 8 m 层;$M_2$ 分潮略小于 $K_1$ 和 $O_1$ 分潮,$S_2$ 分潮最小。在垂向上,4 m 层各分潮流均为往复流,22 m 层的各分潮长半轴均不大,其他层 $K_1$ 和 $O_1$ 分潮表现为顺时针方向的旋转流性质,$M_2$ 和 $S_2$ 分潮表现为往复流性质。

2019 年 P4 站各层的主要分潮流中,全日分潮流 $K_1$ 长半轴远大于其他分潮,表现为顺时针方向的旋转流性质。最大 $K_1$ 分潮为 28 cm/s,在 4 m 层,随水深增加而减小,至 22 m 层时,为 7 cm/s。

2020 年 P1 站各层的主要分潮流中,以全日分潮流 $K_1$ 和 $O_1$ 的长半轴最大,最大 $K_1$ 分潮为 29.81 cm/s,出现在 10 m 层,最大 $O_1$ 分潮为 14.00 cm/s,出现在 8 m 层;其次是 $M_2$ 和 $S_2$ 分潮,浅水分潮流 $M_4$ 和 $MS_4$ 的量值相对较小。在垂向上,除去个别层位,各层各分潮流随着水深增加而长半轴量值减少。除去个别层位的椭圆率小于 0.3,其余各分潮各层的椭圆率均大于 0.3,表明此观测点潮流以旋转流为主;该观测站各层的椭圆率大多数为负,潮流以顺时针旋转为主。

2020 年 P2 站各层的主要分潮流中,全日分潮流 $K_1$ 长半轴远大于其他分潮,表现为顺时针方向的旋转流性质。最大 $K_1$ 分潮为 27 cm/s,在 12～24 m 层。垂向方向上,$K_1$ 分潮长半轴先随水深增加而增加,到 12～24 m 层达到最大,后随水深增加而减小,至 46 m 层时,仅为 11 cm/s。

2020 年 P3 站各层的主要分潮流中,全日分潮流 $K_1$ 长半轴最大,$M_2$ 分潮次之。$K_1$ 分潮在 4～12 m 层均为 10 cm/s,后随深度增加而减小。$M_2$ 分潮 4～10 m 层均为 7 cm/s,后随深度增加而减小。各分层上的各分潮均为往复流性质。

2020 年 P4 站各层的主要分潮流中也是以全日分潮流 $K_1$ 和 $O_1$ 分潮为主,其中最大 $K_1$ 分潮为 20.47 cm/s,出现在 8 m 层,最大 $O_1$ 分潮为 14.79 cm/s,出现在 10 m 层;其次是 $M_2$ 和 $S_2$ 分潮,浅水分潮流 $M_4$ 和 $MS_4$ 的量值相对较小。在垂向上,各层各分潮流随着水深增加而长半轴量值减少。该观测站各层的椭圆率大部分大于 0.3,表明此观测点潮流以旋转流为主;该观测站各层的椭圆率大多数为负,潮流以顺时针旋转为主。

综上所述,通过 2019 年和 2020 年中沙大环礁内海床基测站的海流分析结果来看,观测期间中沙大环礁海域以全日分潮为主,潮流主要为顺时针旋转流,以 $K_1$ 分潮流占优。

## 6.2 余流

余流通常指实测海流中扣除周期性的潮流后的剩余部分,它是风海流、密度流、潮汐余流等的综合反映,是由热盐效应和风等因素引起,岸线和地形对它也有一定影响。

2019 年 P1 站观测期间各层的余流在 18.4～50.7 cm/s 之间变化,流向多为偏 SW 方向;最大余流流速为 41.3 cm/s,其流向为 278°,出现在 12 m 层。同一时刻,余流随着水深增加先增后减,22 m 层余流减小至 18 cm/s。4 m 层的次表层余流与其他层不同,主要为偏 W 和 NW 向流。

2019 年 P4 站观测期间各层的余流在 27.1～54.3 cm/s 之间变化,最大余流流速为 54.3 cm/s,其流向为 44°,出现在 4 m 层。除个别层外,同一时刻各层的余流方向基本一致,流速整体随水深增加而减小。

2020 年 P1 站观测期间各层的余流在 1.1～35.0 cm/s 之间变化,流向呈现由 NW 向 SW 转变的过程;最大余流流速为 35.0 cm/s,其流向为 199°。出现在 8 m 层。同一时刻各层的余流相差不大,随着水深增加而流速减小。

2020 年 P2 站观测期间各层的余流在 19.1～113.8 cm/s 之间变化,最大余流流速为 113.8 cm/s,其流向为 347°,出现在 4 m 层。余流在 4～6 m 层出现异常大的偏 N 向余流,除 4～8 m 层外,同一时刻各层的余流方向基本一致,流速整体随水深增加而减小。

2020 年 P3 站观测期间各层的余流在 23.2～45.9 cm/s 之间变化,最大余流流速为 45.9 cm/s,其流向为 225°,出现在 6 m 层。除个别层外,余流在 4～20 m 层缓慢减小,后快速减小至 28 m 层。同一时刻各层的余流方向基本一致。

2020 年 P4 站观测期间各层的余流在 2.9～41.3 cm/s 之间变化,流向整层为西南偏南向流;最大余流流速为 41.3 cm/s,其流向为 188°。出现在 8 m 层。同一时刻各层的余流随着水深增加而流速减小。

综上所述,2019 年和 2020 年的余流均较大,表层余流最大,整层余流的流向基本一致,余流流速由表层至底层逐渐减小。结合前文的 2019 年和 2020 年春夏交季的季风变化分析来看,夏季风爆发后中沙群岛的环流会显著加强,来自越南南部流系沿着越南和中国南海岸线向西北进入南海,然后经过中沙群岛东侧,对中沙大环礁区域的余流具有较大影响。同时,中沙群岛周边海域存在多个涡旋,夏季风爆发后,上述涡旋的位置、强度和方向都可能发生变化,从而影响中沙群岛周围的水体流动。

# 7 波浪特征

## 7.1 波浪要素特征分析

### 7.1.1 波高

2019 年 P3 海床基测站观测期间最大波高 $H_{max}$、十分之一大波波高 $H_{1/10}$、三分之一大波波高 $H_{1/3}$、平均波高 $H_{AVE}$ 分别为 255 cm、183 cm、150 cm、95 cm，发生在 2019 年 5 月 19日。观测期间平均 $H_{1/10}$、$H_{1/3}$、$H_{AVE}$ 分别为 92 cm、73 cm、45 cm。观测期间本海区强浪向为 SW，次浪向为 NE；从波浪报表中可以看出观测海区波浪在 SW 向浪和 NE 向浪之间进行转换。观测期间平均波高为 45 cm，对应平均周期为 4.0 s，最大平均周期为 5.7 s（表 7-1）。

表 7-1　2019 年 P3 海床基测站观测期间波浪特征统计

| 观测时间段 | $H_{max}$ 最大 /cm | $H_{max}$ 对应 周期 /s | $H_{max}$ 对应 波向 /° | $H_{1/10}$ 最大 /cm | $H_{1/10}$ 平均 /cm | $H_{1/3}$ 最大 /cm | $H_{1/3}$ 平均 /cm | $H_{AVE}$ 最大 /cm | $H_{AVE}$ 平均 /cm | $T_z$ 月 最大 /s | $T_z$ 月 平均 /s |
|---|---|---|---|---|---|---|---|---|---|---|---|
| 2019 年 5 月 16 日至 6 月 4 日 | 255 | 6.0 | 230 | 183 | 92 | 150 | 73 | 95 | 45 | 5.7 | 4.0 |

2020 年 P1 和 P4 海床基测站观测期间波浪特征值见表 7-2，观测期间 P1 站 $H_{max}$、$H_{1/10}$、$H_{1/3}$、$H_{AVE}$ 的最大值分别为 365 cm、267 cm、210 cm、134 cm，发生在 2020 年 6 月 30 日；P4 站的最大值分别为 392 cm、294 cm、230 cm、139 cm，也发生在 2020 年 6 月 30 日。观测期间 P1 站的 $H_{1/10}$、$H_{1/3}$、$H_{AVE}$ 平均值分别为 103 cm、83 cm、53 cm；P4 站的平均值也分别为103 cm、83 cm、53 cm，两站的平均波浪特征值一致。观测期间 P1 站的强浪向为 WSW，而P4 站的为 NNE；从波浪报表中可以看出 P1 站波浪主要集中在 W～SW 之间，P4 站主要集中在 N～NE 之间。观测期间 P1 和 P4 站平均波高对应的平均周期分别为 4.1 s、4.2 s，最大平均周期分别为 5.7 s 和 6.0 s。

表 7-2　2020 年 P1 和 P4 海床基测站观测期间波浪特征统计

| 站位 | $H_{max}$ 最大 /cm | $H_{max}$ 对应周期 /s | $H_{max}$ 对应波向 /° | $H_{1/10}$ 最大 /cm | $H_{1/10}$ 平均 /cm | $H_{1/3}$ 最大 /cm | $H_{1/3}$ 平均 /cm | $H_{AVE}$ 最大 /cm | $H_{AVE}$ 平均 /cm | $T_z$ 月最大 /s | $T_z$ 月平均 /s |
|---|---|---|---|---|---|---|---|---|---|---|---|
| P1 | 365 | 6.0 | 248 | 267 | 103 | 210 | 83 | 134 | 53 | 5.7 | 4.1 |
| P4 | 392 | 6.0 | 58 | 294 | 103 | 230 | 83 | 139 | 53 | 6.0 | 4.2 |

综上，2019 年和 2020 年调查期间，中沙群岛周边海域的波浪较大，高度一般在 2 ～ 4 m 之间。

## 7.1.2　周期

2019 年，中沙大环礁观测期间最大周期 $T_z$ 为 5.7 s，平均为 4.0 s。表 7-3 为观测期间波浪周期频率统计表，可以看出，有效波高周期 $T_{1/3}$ 集中在 5.0 ～ 6.9 s 的范围内，频率占 60.61%；$T_{1/3}$ 在 3.0 ～ 6.9 s 范围内的分布比例最高，占 90% 以上。观测期间大于 7 s 的长周期波浪频率分别占 5.63%、0.43%。观测期间波浪周期以风浪频率为主，涌浪频率次之。其中，$T_{1/3}$ 小于 7 s 的短周期波占观测期间的 93.94%，大于 7 s 的长周期波占观测期间的 6.06%。

表 7-3　2019 年 P3 海床基测站观测期间波浪周期频率统计（单位：频率 %）

| 时间 / 周期 /s | 2.0 ～ 2.9 | 3.0 ～ 3.9 | 4.0 ～ 4.9 | 5.0 ～ 5.9 | 6.0 ～ 6.9 | 7.0 ～ 7.9 | 8.0 ～ 8.9 |
|---|---|---|---|---|---|---|---|
| $T_{1/3}$　2019.5.16 ～ 6.4 | 0.22 | 15.15 | 17.97 | 36.15 | 24.46 | 5.63 | 0.43 |

P1 站 $T_{1/3}$ 主要集中在 4.0 ～ 5.9 s 的范围内，频率占 77.68%，在 3.0 ～ 5.9 s 范围内的分布比例最高，占 90% 以上；P4 站 $T_{1/3}$ 也主要集中在 4.0 ～ 5.9 s 的范围内，频率占 78.63%，在 3.0 ～ 5.9 s 范围内的分布比例也最高，占 90% 以上。观测期间只有 P4 站出现大于 7 s 的长周期波浪，频率占比为 0.39%。观测期间波浪周期以风浪频率为主，其中 P1 站 $T_{1/3}$ 周期均小于 7 s，P4 站周期小于 7 s 的波浪占观测期间的 99.61%（表 7-4）。

表 7-4　2019 年 P1 和 P4 海床基测站观测期间波浪周期频率统计（单位：频率 %）

| 站位 / 周期 /s | 1.0 ～ 1.9 | 2.0 ～ 2.9 | 3.0 ～ 3.9 | 4.0 ～ 4.9 | 5.0 ～ 5.9 | 6.0 ～ 6.9 | 7.0 ～ 7.9 | 8.0 ～ 8.9 | 9.0 ～ 9.9 | 10.0 ～ 10.9 | ≥ 11.0 |
|---|---|---|---|---|---|---|---|---|---|---|---|
| $T_{1/3}$　P1 | | 0.47 | 14.19 | 43.26 | 34.42 | 7.67 | | | | | |
| $T_{1/3}$　P4 | | | 11.76 | 42.55 | 36.08 | 9.22 | 0.39 | | | | |

综上，中沙群岛夏季波浪的周期一般在 3 ～ 8 s 之间，周期较短，形态较陡峭。

## 7.1.3　波高与波向的联合分布

波向表征波动相位与能量传播方向，观测期间波向资料可按 16 个方位进行统计，公式

为 $P = i/N \times 100\%$。其中，$P$ 为每一方向波浪出现的频率；$i$ 为每一方向波浪出现的次数；$N$ 为统计资料总次数。观测期间的波高数据按每 50 cm 的波高级别与按 16 个方位划分的波向进行联合统计，可得出波高与波向联合分布表及对应的波浪玫瑰图。

2019 年中沙大环礁观测海区波向主要集中在 SW（常浪向）、NE（次常浪向）、S、SSW 和 ENE 方向（图 7-1），上述 5 个方向波浪的分布频率分别为 28.57%、11.90%、8.23%、8.23% 和 6.93%，占所有波浪的 63.86%。因观测时间属于南海东北季风向西南季风转换期间，浪向主要集中在 SW 和 NE 两个方向附近，W ~ NW ~ N 浪仅占观测期间的 5.6%，观测海区位于中沙大环礁，波浪受到岛礁的阻碍，NW 和 SE 向浪也较少（表 7-5）。由波高与波向联合分布玫瑰图可知，观测期间本海区较大波高主要波向为 S ~ SW，受西南季风影响显著，这从观测期间的实测风场分布图可以看出。

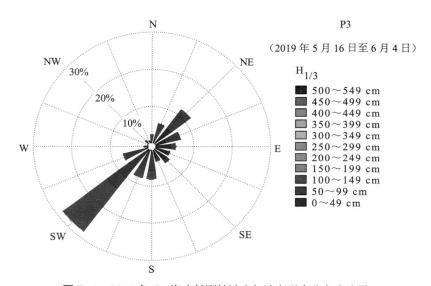

图 7-1 2019 年 P3 海床基测站波高与波向联合分布玫瑰图

表 7-5 2019 年 P3 海床基测站观测期间波向频率统计（单位：%）

| 时间 \ 方向 | NNE | NE | ENE | E | ESE | SE | SSE | S | SSW | SW | WSW | W | WNW | NW | NNW | N |
|---|---|---|---|---|---|---|---|---|---|---|---|---|---|---|---|---|
| 2019 年 5 月 16 日至 6 月 4 日 | 5.63 | 11.90 | 6.93 | 5.41 | 4.11 | 4.98 | 3.46 | 8.23 | 8.23 | 28.57 | 6.93 | 1.08 | 0.22 | 1.30 | 0.65 | 2.38 |

2020 年 P1 海床基测站的波向主要集中在 WSW（常浪向）、W 和 SW（次常浪向）、WNW、SSW 方向（图 7-2），上述 5 个方向波浪的年分布频率分别为 27.21%、13.95%、13.95%、8.37% 和 6.98%，占观测期间波浪的 70.46%。P4 站海区波向主要集中在 NNE（常浪向）、N 和 NE（次常浪向）、ENE、NW 方向（图 7-3），上述 5 个方向波浪的年分布频率分别为 13.73%、12.55%、12.16%、8.04% 和 8.04%，占观测期间波浪的 54.52%。由波高与

波向联合分布玫瑰图可知，P1 站海区浪向主要集中在 W ～ SW 之间，而 P4 站海区浪向主要集中在 N ～ NE 之间。两站的常浪向相差 135° 左右，可能与两站位所在的位置有关系，由观测站位图可知 P1 站位于中沙群岛最南侧，其南侧为深水区而北侧为浅滩；而 P4 站位于中沙群岛北侧，其北侧为深水区而南侧为浅滩，表明海区浪向受地形影响明显（表 7-6）。

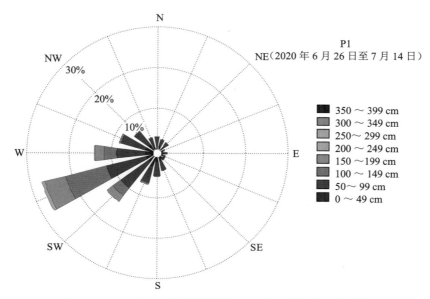

**图 7-2　2020 年 P1 海床基测站波高与波向联合分布玫瑰图**

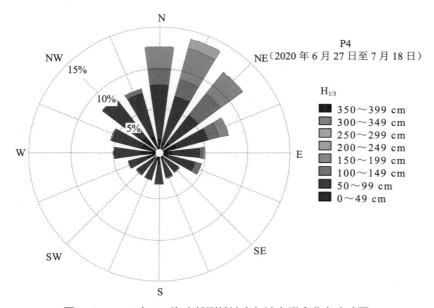

**图 7-3　2020 年 P4 海床基测站波高与波向联合分布玫瑰图**

表 7-6　2020 年 P1 和 P4 海床基测站观测期间波向频率统计（单位：%）

| 方向<br>站位 | NNE | NE | ENE | E | ESE | SE | SSE | S | SSW | SW | WSW | W | WNW | NW | NNW | N |
|---|---|---|---|---|---|---|---|---|---|---|---|---|---|---|---|---|
| P1 | 2.56 | 2.33 | 0.93 | 1.40 | 1.16 | 1.16 | 3.49 | 4.65 | 6.98 | 13.95 | 27.21 | 13.95 | 8.37 | 5.81 | 3.02 | 3.02 |
| P4 | 13.73 | 12.16 | 8.04 | 4.90 | 4.51 | 2.75 | 2.75 | 3.33 | 2.94 | 2.94 | 3.33 | 4.90 | 5.49 | 8.04 | 7.65 | 12.55 |

综上，中沙群岛海域的波浪主要受夏季风影响，主要来自东南方向，即与南海夏季风的风向相对应。

### 7.1.4　波高与周期的联合分布

波高数据按每 50 cm 的波高级别与按 1 s 间隔划分的波周期进行联合统计，可得波高与周期联合分布表及对应的散点图。2019 年观测期间有效波高 $H_{1/3}$ 与对应周期 $T_{1/3}$ 主要集中在 0～149 cm、4.0～6.9 s 范围内。其中又以波高 50～99 cm，周期 5.0～6.9 s 范围的波浪居多，占观测期间的 50%～60%，可见观测期间海况相对较好（图 7-4）。

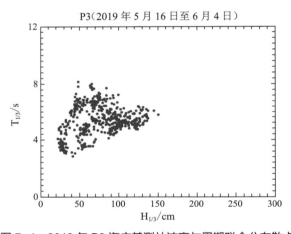

图 7-4　2019 年 P3 海床基测站波高与周期联合分布散点图

2019 年航次期间，中沙大环礁观测海域有效波高 $H_{1/3}$ 在 0～49 cm、50～99 cm、100～149 cm、150～199 cm 区间的分布频率分别为 25.11%、54.11%、20.56%、0.22%。对应的波周期 $T_{1/3}$ 集中分布在 5.0～6.9 s 之间，比例占 60.61%，其中 5.0～5.9 s 区间所占的比例最高，为 36.15%（表 7-7）。

表 7-7　2019 年 P3 海床基测站 $H_{1/3}$ 与 $T_{1/3}$ 联合分布、各周期最大波高、平均波高统计

| $T_{1/3}$/s<br>$H_{1/3}$/cm | 2.0～2.9 | 3.0～3.9 | 4.0～4.9 | 5.0～5.9 | 6.0～6.9 | 7.0～7.9 | 8.0～8.9 | 累积 |
|---|---|---|---|---|---|---|---|---|
| ≥300 cm | | | | | | | | |
| 250～299 cm | | | | | | | | |
| 200～249 cm | | | | | | | | |
| 150～199 cm | | | | 0.22 | | | | 0.22 |

| $H_{1/3}$/cm \ $T_{1/3}$/s | 2.0～2.9 | 3.0～3.9 | 4.0～4.9 | 5.0～5.9 | 6.0～6.9 | 7.0～7.9 | 8.0～8.9 | 累积 |
|---|---|---|---|---|---|---|---|---|
| 100～149 cm | | | 1.73 | 16.02 | 2.81 | | | 20.56 |
| 50～99 cm | 0.00 | 3.90 | 12.34 | 16.67 | 16.02 | 4.98 | 0.22 | 54.11 |
| 0～49 cm | 0.22 | 11.26 | 3.90 | 3.25 | 5.63 | 0.65 | 0.22 | 25.11 |
| 累积 | 0.22 | 15.15 | 17.97 | 36.15 | 24.46 | 5.63 | 0.43 | 100 |
| 最大波高/cm | 41.0 | 69.0 | 124.0 | 150.0 | 145.0 | 99.0 | 65.0 | 150.0 |
| 平均波高/cm | 41.0 | 36.8 | 68.4 | 93.3 | 70.1 | 70.7 | 56.5 | 73.0 |

2020 年观测期间 P1 站有效波高 $H_{1/3}$ 与 $T_{1/3}$ 主要集中在 0～149 cm、4.0～5.9 s 范围内；其中又以 50～99 cm 波高、4.0～4.9 s 范围的波浪居多（图 7-5）。P4 站有效波高 $H_{1/3}$ 与 $T_{1/3}$ 主要集中在 0～99 cm、4.0～5.9 s 范围内；其中又以 50～99 cm 波高、4.0～4.9 s 范围的波浪居多（图 7-6）。

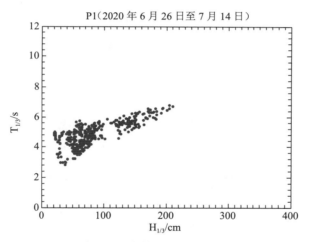

图 7-5　2020 年 P1 海床基测站波高与周期联合分布散点图

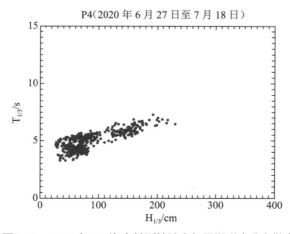

图 7-6　2020 年 P4 海床基测站波高与周期联合分布散点图

观测期间 P1 站 $H_{1/3}$ 在 $0 \sim 49$ cm、$50 \sim 99$ cm、$100 \sim 149$ cm、$150 \sim 199$ cm 区间的分布频率分别为 17.21%、56.54%、16.28%、9.07%；P4 站 $H_{1/3}$ 的分布频率分别为 16.47%、59.61%、11.37%、11.37%。观测期间 P1 站 $T_{1/3}$ 集中分布在 $3.0 \sim 5.9$ s 之间，占全年的 91.87%，其中 $4.0 \sim 4.9$ s 区间所占的比例最高，为 43.26%；P4 站 $T_{1/3}$ 集中分布在 $3.0 \sim 5.9$ s 之间，占全年的 90.39%，其中 $4.0$ s $\sim 4.9$ s 区间所占的比例最高，为 42.55%（表 7-8、表 7-9）。

表 7-8　2020 年 P1 海床基测站 $H_{1/3}$ 与 $T_{1/3}$ 联合分布、各周期最大波高、平均波高统计

| $H_{1/3}$/cm ＼ $T_{1/3}$/s | $0 \sim$ $0.9$ | $1.0 \sim$ $1.9$ | $2.0 \sim$ $2.9$ | $3.0 \sim$ $3.9$ | $4.0 \sim$ $4.9$ | $5.0 \sim$ $5.9$ | $6.0 \sim$ $6.9$ | $7.0 \sim$ $7.9$ | $8.0 \sim$ $8.9$ | $\geqslant 9.0$ | 累积 |
|---|---|---|---|---|---|---|---|---|---|---|---|
| $\geqslant 300$ | | | | | | | | | | | |
| $250 \sim 299$ | | | | | | | | | | | |
| $200 \sim 249$ | | | | | | | 0.93 | | | | 0.93 |
| $150 \sim 199$ | | | | | | 3.26 | 5.81 | | | | 9.07 |
| $100 \sim 149$ | | | | | 0.93 | 14.42 | 0.93 | | | | 16.28 |
| $50 \sim 99$ | | | | 10.70 | 30.00 | 15.81 | | | | | 56.51 |
| $0 \sim 49$ | | | 0.47 | 3.49 | 12.33 | 0.93 | | | | | 17.21 |
| 累积 | | | 0.47 | 14.19 | 43.26 | 34.42 | 7.67 | | | | 100 |
| 最大波高 | | | 38.0 | 73.0 | 127.0 | 183.0 | 210.0 | | | | 210.0 |
| 平均波高 | | | 37.5 | 51.7 | 59.1 | 106.2 | 170.9 | | | | 82.7 |

表 7-9　2020 年 P4 海床基测站 $H_{1/3}$ 与 $T_{1/3}$ 联合分布、各周期最大波高、平均波高统计

| $H_{1/3}$/cm ＼ $T_{1/3}$/s | $0 \sim$ $0.9$ | $1.0 \sim$ $1.9$ | $2.0 \sim$ $2.9$ | $3.0 \sim$ $3.9$ | $4.0 \sim$ $4.9$ | $5.0 \sim$ $5.9$ | $6.0 \sim$ $6.9$ | $7.0 \sim$ $7.9$ | $8.0 \sim$ $8.9$ | $\geqslant 9.0$ | 累积 |
|---|---|---|---|---|---|---|---|---|---|---|---|
| $\geqslant 300$ | | | | | | | | | | | |
| $250 \sim 299$ | | | | | | | | | | | |
| $200 \sim 249$ | | | | | | | 0.98 | 0.20 | | | 1.18 |
| $150 \sim 199$ | | | | | | 4.90 | 6.27 | 0.20 | | | 11.37 |
| $100 \sim 149$ | | | | | 0.39 | 9.02 | 1.96 | | | | 11.37 |
| $50 \sim 99$ | | | | 8.43 | 30.78 | 20.39 | | | | | 59.61 |
| $0 \sim 49$ | | | | 3.33 | 11.37 | 1.76 | | | | | 16.47 |
| 累积 | | | | 11.76 | 42.55 | 36.08 | 9.22 | 0.39 | | | 100 |
| 最大波高 | | | | 80.0 | 122.0 | 174.0 | 230.0 | 200.0 | | | 230.0 |
| 平均波高 | | | | 54.6 | 58.1 | 98.1 | 165.7 | 196.0 | | | 82.6 |

## 7.2 高于设定波高的波及持续时间

波浪持续时间涉及海上可作业时间或对海上构筑物的破坏强度。2019 年取观测期间 $H_{1/3}$ 资料统计,表 7-10 为观测期间 $H_{1/3}$ 大于某一界限值的波浪各种持续时间的次数。由表可见,观测期间 $H_{1/3}$ 大于 50 cm、100 cm、150 cm 波浪最长持续时间分别为 191 h、60 h 和 1 h。

表 7-10　2019 年 P3 海床基测站观测期间 $H_{1/3}$（cm）持续出现分布

| 小时 \| $H_{1/3}$ | ≥ 50 | ≥ 100 | ≥ 150 | ≥ 200 | ≥ 250 | ≥ 300 |
| --- | --- | --- | --- | --- | --- | --- |
| 1 | 3 | 4 | 1 | | | |
| 2 | 4 | 4 | 0 | | | |
| 3 | 0 | 2 | 0 | | | |
| 5 | 0 | 2 | 0 | | | |
| 8 | 0 | 1 | 0 | | | |
| 31 | 1 | 0 | 0 | | | |
| 60 | 0 | 1 | 0 | | | |
| 113 | 1 | 0 | 0 | | | |
| 191 | 1 | 0 | 0 | | | |
| 总次数 | 346 | 96 | 1 | | | |
| 频率 /% | 74.89 | 20.78 | 0.22 | | | |
| 最大持续时数 | 191 | 60 | 1 | | | |
| 月总次数 | 462 | | | | | |

2020 年取观测期 $H_{1/3}$ 资料统计,表 7-11、表 7-12 为观测期间 P1 站和 P4 站 $H_{1/3}$ 大于某一界限值的波浪各种持续时间的次数。由表可见,P1 站观测期间 $H_{1/3}$ 大于 50 cm、100 cm、150 cm 和 200 cm 波浪最长持续时间分别为 191 h、60 h、43 h 和 4 h;P4 站观测期间 $H_{1/3}$ 大于 50 cm、100 cm、150 cm 和 200 cm 波浪最长持续时间分别为 249 h、120 h、37 h 和 3 h。

表 7-11　2020 年 P1 海床基测站观测期间 $H_{1/3}$（cm）持续出现分布

| 小时 \| $H_{1/3}$ | ≥ 50 | ≥ 100 | ≥ 150 | ≥ 200 | ≥ 250 | ≥ 300 |
| --- | --- | --- | --- | --- | --- | --- |
| 1 | | 1 | 3 | | | |
| 2 | 1 | | | | | |
| 3 | | | 2 | | | |
| 4 | | | | 1 | | |
| 11 | | | 1 | | | |
| 17 | 1 | | | | | |
| 23 | | | 1 | | | |

| 小时｜$H_{1/3}$ | ≥ 50 | ≥ 100 | ≥ 150 | ≥ 200 | ≥ 250 | ≥ 300 |
|---|---|---|---|---|---|---|
| 33 | 1 | | | | | |
| 97 | 1 | | | | | |
| 112 | | 1 | | | | |
| 207 | 1 | | | | | |
| 总次数 | 356 | 113 | 43 | 4 | | |
| 频率 /% | 82.79 | 26.28 | 10.00 | 0.93 | | |
| 最大持续时数 | 207 | 112 | 23 | 4 | | |
| 总次数 | 430 | | | | | |

表 7-12　2020 年 P4 海床基测站观测期间 $H_{1/3}$（cm）持续出现分布

| 小时｜$H_{1/3}$ | ≥ 50 | ≥ 100 | ≥ 150 | ≥ 200 | ≥ 250 | ≥ 300 |
|---|---|---|---|---|---|---|
| 1 | 5 | | 1 | | | |
| 2 | | 1 | | | | |
| 3 | | | 1 | 2 | | |
| 4 | 1 | | | | | |
| 5 | | | 1 | | | |
| 10 | 1 | | | | | |
| 18 | 1 | | 1 | | | |
| 31 | 1 | | | | | |
| 37 | | | 1 | | | |
| 109 | 1 | | | | | |
| 120 | | 1 | | | | |
| 249 | 1 | | | | | |
| 总次数 | 426 | 122 | 64 | 6 | | |
| 频率 /% | 83.53 | 23.92 | 12.55 | 1.18 | | |
| 最大持续时数 | 249 | 120 | 37 | 3 | | |
| 总次数 | 510 | | | | | |

# 8 南海中尺度涡的季节变化

## 8.1 中尺度涡的空间分布

　　南海是中尺度涡多发的海区。南海的海洋和大气状况存在显著的季节变化,受此影响,南海的中尺度涡分布在不同季节也存在差别。南海的涡旋主要分布于南部和北部两个区域:吕宋海峡以西的北部区域和越南以东海域的南部区域。其中,北部区域中尺度涡的形成与黑潮入侵南海有关。冬季,正压陆架沿岸流和局地地形的相互作用对越南东南部的反气旋涡形成有重要作用。夏季,该区域涡旋增多的原因是局地在夏季风期间存在大气急流。该急流对涡旋的形成起到驱动作用。中沙群岛位于南海中部海域,周边中尺度涡活动也较为活跃。

　　受季风影响,夏季反气旋涡数量大于气旋涡。冬季,气旋涡数量大于反气旋涡。以海表面高度异常大于 3 cm、涡旋直径大于 50 km 为标准,在 1999 年至 2009 年期间的夏季(6 月至 8 月)共检测到气旋涡 196 个,反气旋涡 548 个。冬季(12 月至翌年 2 月)共检测到气旋涡 408 个,反气旋涡 316 个。夏季,气旋涡和反气旋涡的平均直径分别为 75.3 km 和 80.0 km。冬季,气旋涡和反气旋涡的平均直径分别为 75.5 km 和 74.2 km。

## 8.2 中尺度涡温盐结构的季节变化

　　南海中尺度涡的三维温盐结构存在季节变化。图 8-1 和图 8-2 为冬季和夏季中尺度涡上的海温异常,以海表面高度异常(SSHA)的中心作为涡旋中心对海温异常进行合成。冬季,反气旋涡的表层海温异常表现为西高东低的偶极子型分布。其中,西部的增暖强度大于东部的降温幅度。随着水深的增加,海温异常的偶极子分布逐渐减弱,至 100 m 附近,海温异常转化为单极结构。夏季,反气旋涡的表层海温异常为单极结构,表现为涡旋中心增暖。冬季,气旋涡的冷中心位于涡旋中心的西南侧,随着水深的增加,冷中心逐渐向涡旋中心移动。在 100 m 左右,涡旋冷中心与涡旋的 SSHA 中心重合。不论是气旋涡还是反气旋涡,中尺度涡导致的海温异常在夏季都弱于冬季。

　　中尺度涡导致的温度异常幅度在不同深度存在显著差别。图 8-3 为冬季和夏季期间气旋涡和反气旋涡的垂向结构。随着深度的增加,海温异常总体表现为先增强后减弱的变化趋势。夏季,中尺度涡上海温异常的中心位置与中尺度涡 SSHA 的中心一致。从海表面到深层海温异常的符号也保持一致。在反气旋涡上表现为海温升高,在气旋涡上表现为海温降低。冬季,表层的海温异常与次表层存在差异。气旋涡和反气旋涡均表现为表层温度异常的中心西移。这一现象的形成与冬季背景场海温的变化有关。

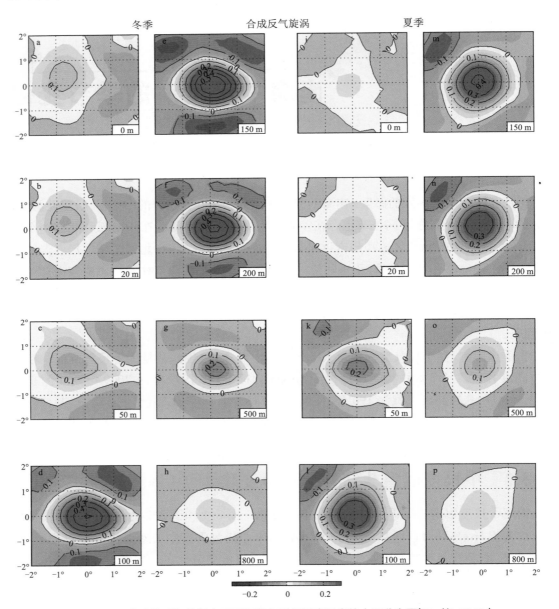

图 8-1　合成的反气旋涡在不同深度上引起温度异常的水平分布图( Zu 等,2019 )

为了更清楚地显示温度异常在 50 m 的垂向分布,图 8-3（e）～图 8-3（h)放大了该区域的海温垂向分布,可以看到冬季气旋涡和反气旋涡海温异常的偶极子结构在表层最为显著,并随着深度的增加逐渐减弱。至 50 m 左右,偶极子结构转化为单极结构。垂向海温异常的幅度表现为先增大后减小的变化趋势,最大海温异常出现在 150 m 左右。海温异常的影响深度为 1000 m 以上。从季节变化来看,气旋涡和反气旋涡在冬季的海温异常均大于夏季,其中反气旋涡冬季和夏季的海温异常幅度差异较大。

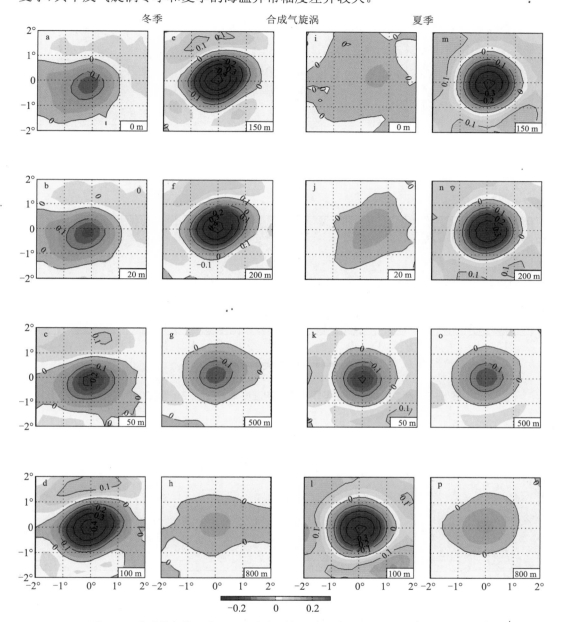

图 8-2   合成的气旋涡在不同深度上引起温度异常的水平分布图( Zu 等, 2019 )

冬季,气旋涡和反气旋涡的表层盐度异常表现为偶极子结构,夏季盐度异常的偶极子结构消失(图 8-4 和图 8-5),这与中尺度涡表层海温异常的空间分布基本一致。在反气旋涡上,涡旋中心西侧盐度降低,东侧盐度升高。气旋涡上东侧盐度降低,西侧盐度升高。但该盐度异常偶极子结构仅出现在表层 20 m 以内,维持深度小于中尺度涡表层海温的偶极子结构。

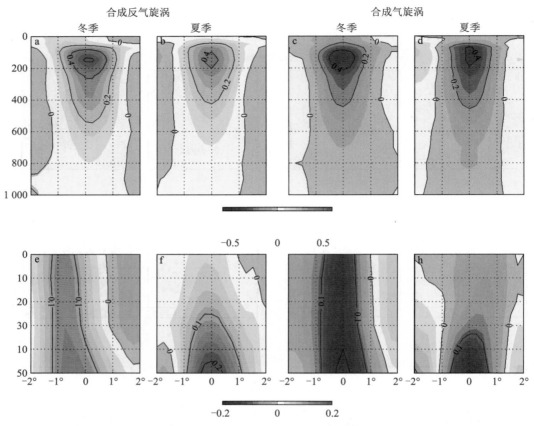

图 8-3 合成涡旋中心在冬季和夏季的温度异常剖面( Zu 等, 2019 )

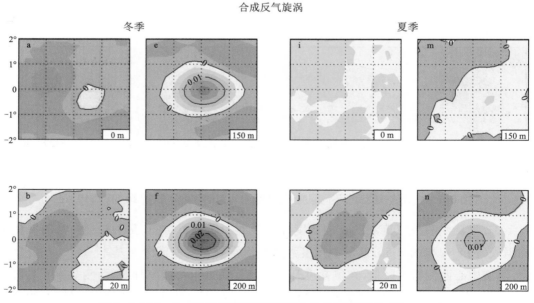

图 8-4 ( 1 ) 合成的反气旋涡不同深度上的盐度异常( Zu 等, 2019 )

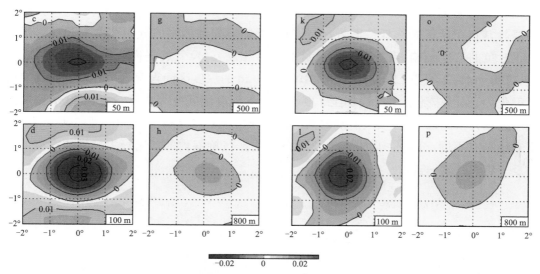

图 8-4（2） 合成的反气旋涡不同深度上的盐度异常（Zu 等，2019）

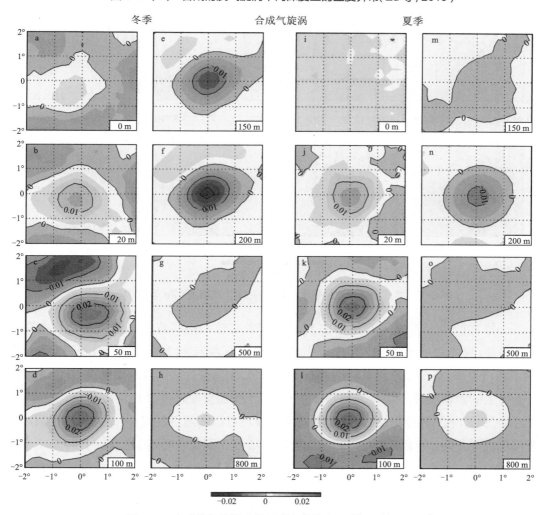

图 8-5 合成的气旋涡不同深度上的盐度异常（Zu 等，2019）

相对于海温的变化,中尺度涡导致的盐度垂向变化较为复杂(图 8-6)。中尺度涡上的海温异常自上至下始终保持同号,但反气旋涡盐度异常的垂向分布在冬季和夏季均是负 - 正 - 负的三层结构(反气旋涡和气旋涡符号相反)。反气旋涡内盐度先为负异常,至 170 ~ 190 m 深度区间变为正异常,至 510 ~ 570 m 的深度区间再变为负异常。气旋涡内的盐度先为正异常,随着水深增加至 170 ~ 190 m 深度区间变为负异常,在 580 m 左右区域又变为正异常。在冬季,反气旋涡内两次盐度异常极值点分别位于 50 m 和 200 m 左右;在夏季则稍有不同,分别位于 50 m 和 220 m 左右。气旋涡内的盐度最大异常值对应的深度与反气旋涡基本一致。

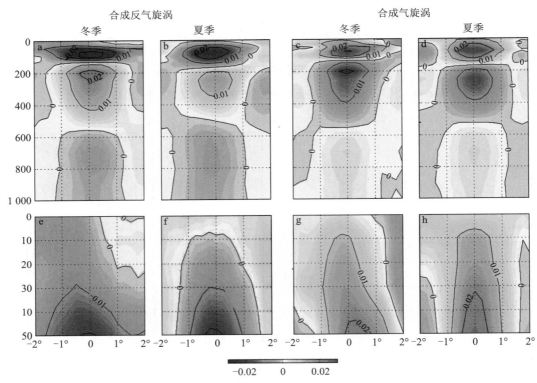

图 8-6 合成涡旋中心在冬季和夏季的盐度异常剖面( Zu 等,2019 )

以上描述的中尺度涡温盐结构的变化特征主要受到南海背景场温度和盐度变化的影响。冬季,海洋表层温度南北梯度较强,南海南部海温为 28 ℃左右,到南海北部降低到 23 ℃左右。夏季,整个南海海盆温度分布比较均匀,大部分区域的表层海温在 29 ℃左右。

涡旋上的海温变化主要受两种机制的控制:水平温度平流和垂向温度平流。夏季,海表面温度(SST)水平梯度很小,因此水平温度平流项对温度的贡献很小,垂向温度平流对温度变化起主要作用,由于涡旋垂向流速变化的中心位于涡旋中心,因此涡旋上的 SST 变化与 SSHA 的中心重合。冬季,SST 梯度增大,受冬季风影响,垂向混合增强,导致混合层增厚,垂向温度梯度减小,垂向温度平流的作用较小。因此,冬季水平温度平流对涡旋上的温度变化起主要作用。冬季南海的 SST 等温线大致沿西南—东北方向,海温自南向北逐渐降低。反气旋涡的顺时针环流可在反气旋涡西南导致温度升高,在反气旋涡东北导致温度降低。由于气旋涡的环流方向相反,故在涡旋西南温度出现负异常,东北温度出现正异常。

具体而言,冬季的南海表层海温南高北低,反气旋涡的顺时针环流使得涡旋中心南侧的高温水向北移动,造成涡旋西北侧温度正异常;而涡旋中心北侧的低温水则向南移动,造成涡旋东南侧温度负异常。冬季,气旋涡的逆时针环流则会将北部的冷水输运至涡旋中心以西,将南部的暖水输运至涡旋中心以东,造成气旋涡的冷中心西移。在夏季,表层海温的水平梯度小,涡旋环流造成的水平输运对海温的影响较小。同时,夏季的混合层比冬季更浅,因此海温的垂向梯度较大,使得涡旋抽吸导致的海温异常在夏季的作用更大。因此,海温异常位于涡旋中心,形成了夏季表层海温正异常的单极子模态。冬季,表层为偶极子结构,在混合层以下海温的水平梯度减小,垂向梯度增大,因此海温异常变为单极结构。由于温跃层附近海温垂向梯度最大,在此深度涡旋的垂向流速异常导致的温度异常也最大。深度加深到温跃层以下时,海温的水平梯度和垂向梯度均减小,此时中尺度涡对海温的影响也逐渐减小(图 8-7)。

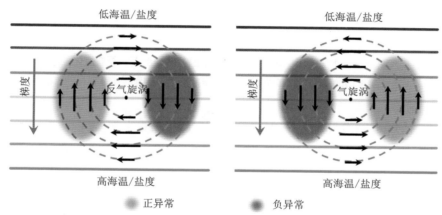

图 8-7 在非均匀温盐背景场中涡旋搅拌作用示意图( 黑色箭头方向表示涡旋流速方向 )( Zu 等,2019 )

冬季,盐度的南北梯度较强,南部盐度低,北部盐度高,夏季盐度分布仍为南部低、北部高,但水平梯度小于冬季。冬季中尺度涡导致的表层盐度异常偶极子型分布与盐度的南北梯度较强有关。其成因与海温异常偶极子型分布的成因相似。

南海背景场中温度和盐度的垂向分布存在显著差别(图 8-8)。海温的垂向变化表现为由表层到底层逐渐减小的单调变化。因此,中尺度涡导致的海温异常在不同深度保持变化的符号相同。但盐度的变化趋势随着水深的增加存在差别,具体表现为盐度先增加,$150 \sim 200$ m 盐度开始减小,至 $500 \sim 600$ m 时又开始增加。在反气旋涡内,涡旋抽吸引起的下降流使得表层低盐水向下流动引起盐度负异常;至 150 m 以下时由于背景盐度减小使得向下流动的水体盐度相对较高,引起盐度正异常;至 500 m 左右时背景盐度又开始增加使得向下流动的水体盐度相对较低,引起盐度异常再次为负。这就形成了反气旋涡内盐度异常在垂向上的负 – 正 – 负的三层结构(气旋涡与之相反)。

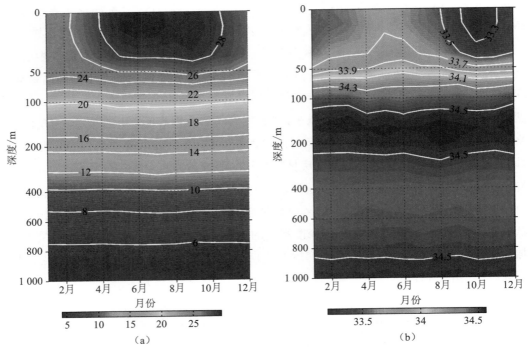

图 8-8　水深大于 1 000 m 的区域中温盐平均剖面的季节变化图

（a 表示温度，单位为℃；b 表示盐度）（Zu 等，2019）

## 8.3　中尺度涡上风场异常的季节变化

南海是一个受到季风显著影响的半封闭边缘海，其海洋和大气系统存在着复杂的季节变化和区域变化。对海洋中尺度上海气耦合过程影响最大的背景场要素为海表面风场和SST。中尺度耦合通常发生在风速较强且风向稳定的海区，背景 SST 的梯度和温度高低对中尺度涡上的耦合强度也有影响。

由于南海的风场主要受季风控制，因此南海的风速和风向稳定度在不同季节存在差别。南海的平均风速和风向稳定性季节变化规律一致，均在冬季最强，夏季次之，春季和秋季为季风转换季节，风速小，风向不稳定（图 8-9）。虽然冬季和夏季的风场均风速较强且方向稳定，但冬季和夏季的情况仍存在很大区别。首先，冬季和夏季的风向以及风速的空间分布存在区别。夏季，南海盛行西南季风，风速及风向稳定度在南海西南部越南以东海域最强。冬季，南海盛行东北季风，风速在一年中最强，且风向最为稳定的区域位于南海中部，呈西南—东北走向，并向两侧递减。其次，冬季和夏季的 SST 分布也存在显著差别。冬季的海温存在较强的南北梯度，自南向北递减。夏季的 SST 梯度明显减弱，整个南海普遍高温。由于 SST 也是影响耦合的关键因素，冬季和夏季 SST 的区别会对冬、夏季的耦合特征产生影响。由于较强且稳定的风场是中尺度耦合的重要条件，因此，夏季风和冬季风期间是南海中尺度耦合比较容易发展的季节。

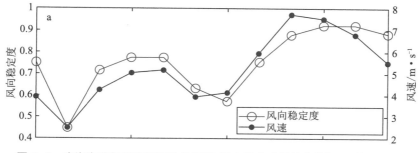

图 8-9　南海海盆气候态月平均的风速、风向稳定度季节变化（Sun 等，2016）

通过合成分析的方法，揭示了南海冬季和夏季中尺度涡上海气耦合的统计特征（图 8-10）。由于冬季和夏季的海洋和大气背景条件存在很大差别，气旋涡和反气旋涡上的物理过程也并不相同，因此对冬季和夏季的气旋涡和反气旋涡 4 种情况分别进行了统计。

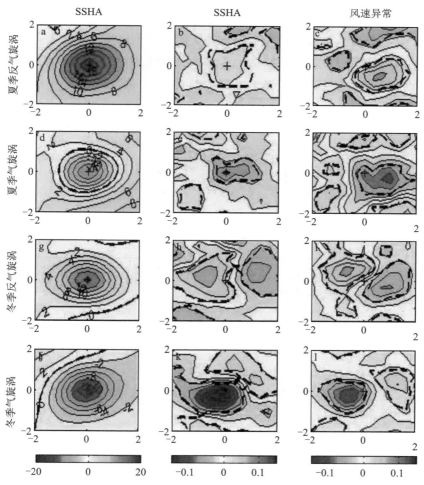

图 8-10　夏季反气旋涡、夏季气旋涡、冬季反气旋涡和冬季气旋涡上的 SSHA（单位：cm）与 SSTA（单位：℃）风速合成图（单位：m/s）（Sun 等，2016）

夏季,气旋涡和反气旋涡的 SST 变化中心都与 SSHA 的中心基本重合,基本特征表现为气旋涡上海温降低,反气旋涡上海温升高。冬季中尺度涡上的 SST 变化与夏季完全不同。气旋涡上有一个冷中心和一个暖中心,冷中心强度更大。反气旋涡上有一个暖中心和一个冷中心,暖中心强度大于冷中心。从合成结果上看,南海中尺度涡上的 SST 与风速存在着显著的正相关关系。涡旋冷中心上风速降低、暖中心上的风速升高。总体而言,反气旋涡上的 SSTA 强度小于气旋涡,因此,反气旋涡上风场的变化也小于气旋涡。风速异常的中心与 SSTA 的中心位置基本一致。冬季,与 SSTA 的变化相似,风速的变化也呈现出两极结构。风速减弱和加强的中心位置也与 SSTA 冷暖的中心位置接近。

尽管在冬季和夏季的气旋和反气旋涡上风速和 SST 的变化都保持了线性相关的关系,但是不同类型涡旋上风速与 SST 耦合的强度却并不相同(图 8-11)。其中,冬季反气旋(气旋)涡上的耦合强度为 0.35(0.40)m/s per 1 ℃,夏季反气旋(气旋)涡上的耦合强度为 0.41(0.62)m/s per 1 ℃。大洋中尺度耦合强度一般在 0.2 ～ 0.6 m/s per 1 ℃ 之间,因此,南海中尺度涡上的耦合强度与大洋内区的中尺度涡多发海区和锋面区的耦合强度是相似的。但是,南海中尺度涡上风速对 SST 的响应具有较大的方差。这是因为与大洋相比,南海的风场受到多种复杂因素的影响,包括季节内震荡、天气过程和海陆分布的影响等。这反映了南海海气耦合背景条件的复杂性对耦合特征的影响。

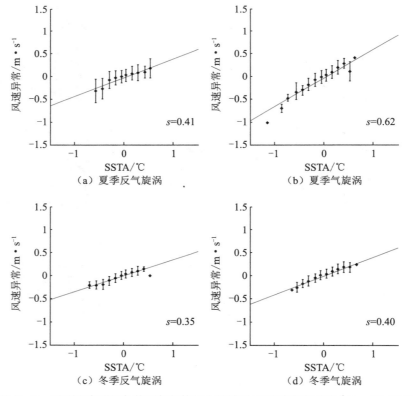

图 8-11　夏季和冬季反气旋涡与气旋涡上风速对 SST 变化的响应(Sun 等,2016)

# 8.4 中尺度海气耦合的季节变化机制

随着高分辨率卫星遥感数据的出现,人们逐渐认识到海洋中尺度上存在着与大尺度上截然不同的海气耦合特征:在大尺度上,SST 和风速负相关,SST 在风速大的区域较低。而在海洋中尺度上,SST 和风速正相关,且海洋对大气具有主动的强迫作用。这与大尺度的海气相互作用过程存在本质区别。中尺度耦合最初发现于大洋内区,然而,南海也存在着显著的中尺度耦合现象,且具有独特的季节变化特征。

南海的中尺度海气耦合在冬季风期间强度最大,夏季风期间次之,在春季和秋季的季风转换期中尺度耦合强度较小。将海洋中尺度上风速和 SST 相关系数大于 0.5 的区域定义为强耦合区。冬季(11 月至翌年 3 月),南海受东北季风控制。在冬季风早期(11 月至 12 月),中尺度耦合最强的区域位于南海海盆中部。随着季风的发展,强耦合区逐渐向北移动,至次年 2 月至 3 月,强耦合区位于 15°N 以北的南海北部。夏季(6 月至 8 月),南海盛行西南季风。这一时期,强耦合区域的位置较为稳定,位于越南以东海域,其中 7 月耦合强度最大。春季(4 月至 5 月)是由冬季风向夏季风转换的季节。中尺度耦合的空间分布也逐步由冬季型空间分布向夏季型空间分布转化。秋季(9 月至 10 月),中尺度耦合强度为全年最低。可见,南海的中尺度海气耦合的强度和空间分布均存在显著的季节变化。

研究发现,中尺度耦合的发展有两个主要影响因素:中尺度 SST 梯度和风速稳定度。强中尺度 SST 梯度是中尺度耦合发展的必要条件。南海的强耦合区均出现在具有强中尺度 SST 梯度的海域。在冬季风晚期(3 月),强耦合区与中尺度 SST 梯度较高的海区基本重合。这说明冬季的 SST-风速耦合主要受中尺度 SST 梯度控制。夏季风期间(7 月),具有较高中尺度 SST 梯度的区域面积大于冬季,但是强耦合区仅位于中尺度 SST 梯度最大的越南以东海域。在过渡季节(9 月),虽然整个南海海盆的中尺度 SST 梯度均较高,但中尺度耦合却未能发展。可见,中尺度耦合的发展不仅受中尺度 SST 梯度的影响,还受到其他因素的限制作用。

冬季风早期(12 月)耦合强度与中尺度 SST 梯度的关系则更为复杂。这一时期的中尺度 SST 梯度为全年最高,尤其是在南海南部区域。但是,这一区域的中尺度耦合并不显著,强耦合区出现在 10°N 以北。这些分析说明,较强的中尺度 SST 梯度是耦合发生的必要不充分条件。

除中尺度 SST 梯度外,中尺度耦合的另一个影响因素是背景场中的海表面风场变化。尽管有研究指出中尺度耦合的发展与局地的风向稳定度关系密切,但是这一结论在南海并不完全适用。风向稳定度表示风向在一段时间内的稳定程度,如果背景场风向稳定性较高,则有利于 SST 对风速产生影响,形成中尺度耦合。如果风向稳定度较低,就会限制中尺度耦合的发展。南海在全年均具有较高的风向稳定度,除季风转换季节外,风向稳定度较高的区域覆盖了南海海盆的大部分面积。因此,在大多数季节和区域,风向稳定度并不能成为南海中尺度耦合的限制因素。

在南海,风速稳定度是中尺度耦合发展的重要限制条件。当风速较稳定时,中尺度耦合可以在相对较弱的中尺度 SST 梯度上发展,而当风速稳定度降低时,由于风速自身的变化较大,中尺度耦合只能在更强的中尺度 SST 梯度上发展。风速稳定度之所以比风向稳定度对南海中尺度耦合的发展更为重要,是因为南海的风向比较稳定,但风速的稳定度却在不同的季节和区域存在很大差别。3 月,除了近岸区域以外,南海海盆的风速变化较弱。在 7 月和 9 月,风速变化显著增强,风速稳定度降低。12 月,风速稳定度分布比较特殊,南海南部和北部风速稳定度差异较大。12°N 以北,风速较为稳定,12°N 以南,风速不稳定。

综合考虑中尺度 SST 梯度和风速稳定度两个变化因素,能够合理解释南海中尺度海气耦合的季节变化特征(图 8-12)。3 月,风速在整个南海海盆均较为稳定,在中尺度 SST 梯度较强的区域,SST 均能对风速产生显著影响,形成较强的中尺度耦合。因此,强耦合区域与中尺度 SST 梯度强的区域重合度较高。在夏季和秋季,虽然中尺度 SST 梯度较高,有利于中尺度耦合发展,但风速不稳定,因此中尺度耦合只能在中尺度 SST 梯度最大的越南以东海域发展。12 月,12°N 以北海域风速较为稳定,SST 的影响较为明显,但 12°N 以南海域风速自身变化较大,干扰了 SST 对风速的影响,因此强耦合区仅出现在南海北部。

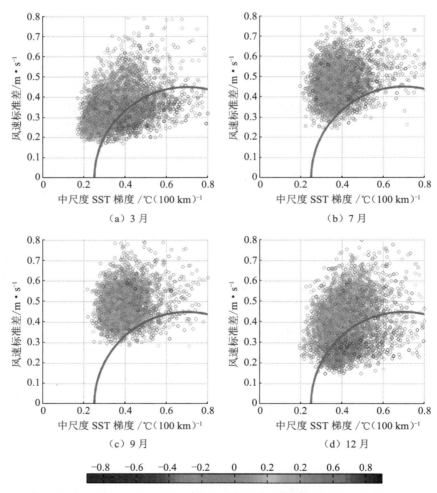

图 8-12 各季节中尺度 SST 梯度、风速稳定度与耦合强度(颜色)之间的关系图

从图 8-12 中可以看出中尺度海气耦合强度与中尺度 SST 梯度和风速稳定度两个要素的关系。当风速不稳定时,中尺度耦合只能在较强的中尺度 SST 梯度上发展。当中尺度 SST 梯度足够大时,即使风速稳定度较低,中尺度耦合仍然能够发展。冬季(3 月、12 月),风速的方差在 0.2 ~ 0.6 m/s 之间,是风速最稳定的季节,同时具备风速稳定和高 SST 梯度的区域较多。夏季和秋季,风速的方差在 0.3 m/s 以上,中尺度耦合发生所需的 SST 梯度阈值提高。

图 8-13 显示了冬季和夏季中尺度 SST 异常和风速异常的关系,二者表现为显著的线性关系。风速对 SST 响应的方差在夏季大于冬季,这与夏季风速的稳定性较低有关。此外,夏季风速对 SST 响应强度更大。

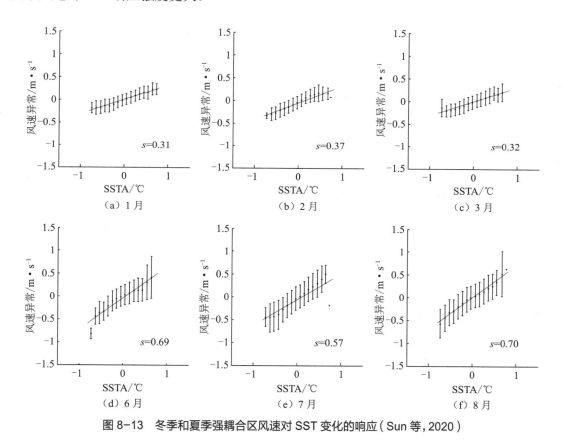

图 8-13　冬季和夏季强耦合区风速对 SST 变化的响应( Sun 等,2020 )

## 8.5　中尺度涡上热通量异常的季节变化

中尺度涡上的 SST 变化除了能够影响风速,形成与风速的中尺度耦合外,还能够影响海表面的热通量。图 8-14 和图 8-15 为冬季和夏季南海反气旋涡和气旋涡上的潜热通量和感热通量异常。中尺度涡上的热通量变化与中尺度涡导致的 SST 变化密切相关。反气旋涡上冬季的 SSTA 为偶极子型分布,具体表现为涡旋中心以西温度异常偏高,中心以东温度异常偏低。受此影响,涡旋中心以西的潜热和感热释放增大,中心以东的潜热和感热释放减小。夏季,反气旋涡的暖中心为单极结构,与涡旋 SSHA 中心重合。此时,潜热和感热通量也在涡旋中心出现正异常。气旋涡上的热通量变化与反气旋涡上的热通量变化空间分布相似,但符号相反。气旋涡上的热通量异常幅度大于反气旋涡。这些特征与两类涡旋导致的 SSTA 变化特征是一致的。

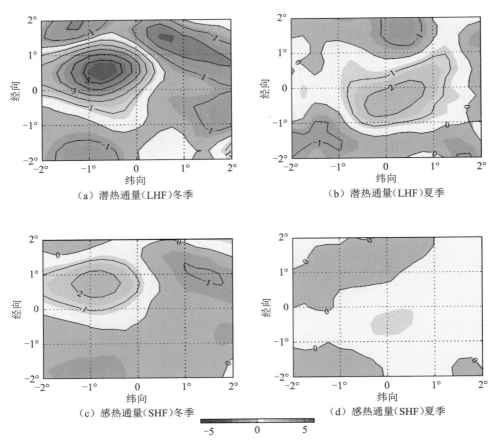

图 8-14　合成反气旋涡的热通量异常(单位:W/m² )在冬季和夏季的水平分布图(祖永灿等,2019 )

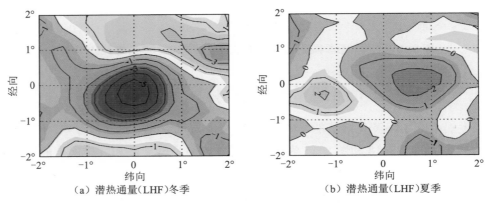

图 8-15（1）　合成反气旋涡的热通量异常(单位:W/m² )在冬季和夏季的水平分布图(祖永灿等,2019 )

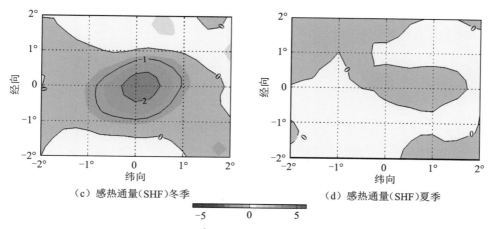

（c）感热通量（SHF）冬季  （d）感热通量（SHF）夏季

图 8-15（2） 合成反气旋涡的热通量异常（单位：W/m²）在冬季和夏季的水平分布图（祖永灿等，2019）

无论是反气旋涡还是气旋涡，潜热通量异常的幅度在对应的季节上均大于感热通量异常。在冬季，反气旋涡引起的潜热通量最大正异常为 6.00 W/m²，感热通量最大正异常则为 2.58 W/m²；夏季对应的最大异常则分别为 2.65 W/m² 和 0.82 W/m²。气旋涡引起的潜热通量和感热通量最大异常幅度与反气旋涡的差异不大，在冬季分别为 -5.81 W/m² 和 -2.50 W/m²，在夏季则分别为 -2.50 W/m² 和 -0.62 W/m²。

涡旋引起的热通量异常与冬季和夏季的 SSTA 均呈线性关系，并且潜热通量对应的拟合系数均大于感热通量（图 8-16 和图 8-17）。拟合系数具有一定的季节变化，不管是潜热通量还是感热通量，其冬季的拟合系数均大于夏季，而且感热通量对应的拟合系数的季节差异相对潜热通量更大。冬季时反气旋涡和气旋涡内潜热通量异常的拟合系数分别为 32.36 W/℃ 和 28.14 W/℃，夏季则分别为 26.70 W/℃ 和 26.56 W/℃。而感热通量异常对应的拟合系数分别为 12.23 W/℃、12.19 W/℃、7.75 W/℃ 和 7.74 W/℃。同一季节反气旋涡的热通量对应的拟合系数均略高于气旋涡。

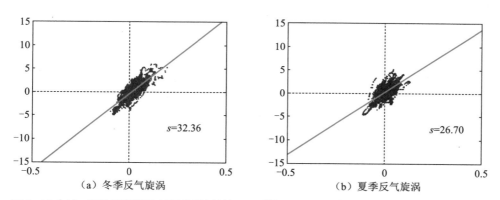

（a）冬季反气旋涡  （b）夏季反气旋涡

图 8-16（1） 涡旋引起潜热通量异常（单位：W/m²）与 SST 异常（单位：℃）在冬季和夏季的拟合图
（祖永灿等，2019）

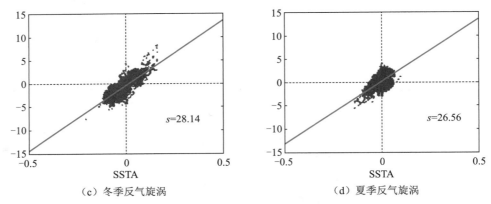

（c）冬季反气旋涡　　　　　　　　　　（d）夏季反气旋涡

**图 8-16（2）　涡旋引起潜热通量异常（单位：W/m²）与 SST 异常（单位：℃）在冬季和夏季的拟合图**

（祖永灿等，2019）

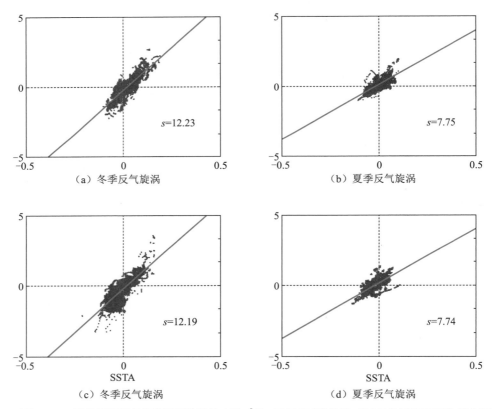

（a）冬季反气旋涡　　　　　　　　　　（b）夏季反气旋涡

（c）冬季反气旋涡　　　　　　　　　　（d）夏季反气旋涡

**图 8-17　涡旋引起潜热通量异常（单位：W/m²）与 SST 异常（单位：℃）在冬季和夏季的拟合图**

（祖永灿等，2019）

# 9

# 南海北部陆坡海区春末第一模态内孤立波特征

内孤立波是海洋内波的一种，是海洋密度跃层内产生的一种非线性内波，通常是由强流通过陡峭海底地形激发产生，在传播过程中波型近似保持不变，振幅较大。内孤立波是一种常见的海洋现象，在边缘海和陆坡海域出现得尤为频繁。由于内孤立波具有大振幅和突发性强流等特征，其对海洋工程施工和水下航行安全等具有重要影响。

南海是世界上最大的边缘海，是内孤立波最频发的海域之一，南海北部内孤立波源于吕宋海峡。吕宋海峡处的复杂地形与潮汐相互作用激发内潮，内潮向西传播，在非线性、非静力和旋转的共同控制下激发形成大振幅内孤立波，主要受吕宋海峡的 M2 内潮影响，全日内潮发挥次要作用。

## 9.1 数据

自然资源部第一海洋研究所在南海北部陆坡海域布放了一套内孤立波观测浮标，浮标坐标为 116.5422°E、21.4482°N，水深 305 m。为捕捉内波信号，浮标于距海表面 0.8 m 处设置 1 台 SeaBird CTD（型号 SEB 37 SM）进行温盐连续观测，距海表面 1.5 m 处设置 1 台 TRDI 75K ADCP（型号 WH LR 75）向下进行流速剖面观测，浮标设计如图 9-1 所示。ADCP 流速剖面垂向分辨率为 8 m，第一层流速数据位于水深 18.3 m 处，共观测 33 层，最底层位于 274.3 m 处。由于内波过程持续时间短，为准确捕捉内波信号，浮标温度、盐度和流速观测的时间分辨率均为 3 min。浮标观测时间由 2021 年 5 月 5 日持续至 2021 年 6 月 3 日，共 30 天。

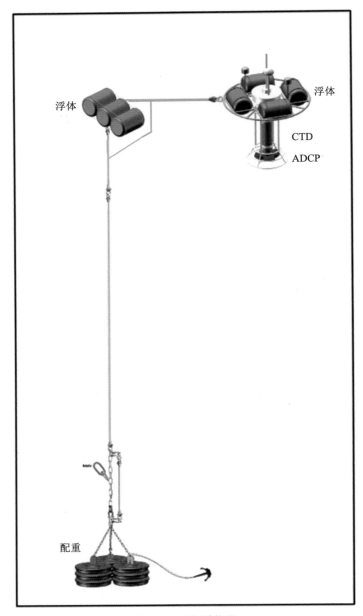

图 9-1　浮标结构图

　　图 9-2 为观测时间内 ADCP 的仪器姿态和所获取的温度、盐度时间序列以及水平流速剖面序列。可知,在整个观测期内,仪器纵摇和横摇基本在 10° 以内,数据良好率在 95% 以上,ADCP 观测数据质量可靠。温度序列存在明显的日周期信号,海表温度在 5 月 15 日前逐渐升温,期间盐度无明显的线性变化趋势,5 月 19 日至 27 日期间温度升高,盐度同步降低。图 9-2（c）和 9-2（d）分别为观测期内的纬向和经向水平流,存在较明显的日变化周期。由于 ADCP 固定悬挂于水面浮体以下,随波浪起伏,垂向流观测误差偏大,因此只利用水平流观测数据进行内波信号提取。

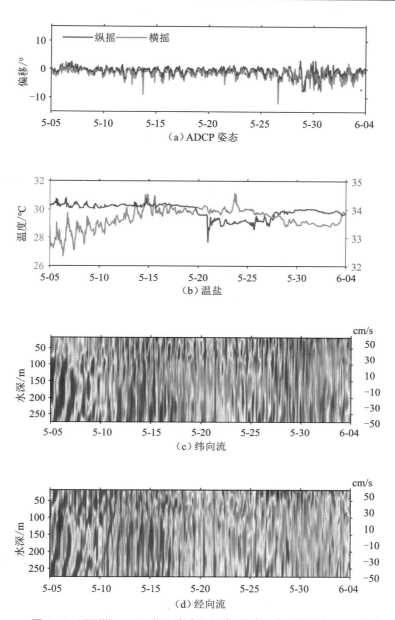

图9-2 观测期ADCP仪器姿态和温度、盐度及水平流速剖面序列图

## 9.2 内孤立波流场结构及重现期

第1模态内孤立波根据流场结构可分为2层,上层水体运动与传播方向一致,下层水体与传播方向运动相反。以2021年5月24日12时至16时的水平流观测结果为例(图9-3),上层70 m以浅为西北向流,100 m以深为东向流,经向水体运动与上层流向相反,70 ~ 100 m深度范围内存在一股较弱的西向水体流动。13时30分左右,浮标位置潮流转向,随后伴随产生较为明显的内孤立波波列信号,强度逐渐减弱,重现期约30 min。从海表温度、盐度时间序列数据可以发现,内孤立波过程期间温度和盐度曲线均有明显的下凹,结

合流场结构可以判断为第 1 模态内孤立波信号。波列中内孤立波强度随时间降低,海表温度和盐度的波动信号逐渐消失。对前 4 个信号较强的内孤立波的流场剖面进行集合平均,可发现内波流速剖面为 2 层结构,上层以西北向流为主,流向随深度逆时针变化,下层以东北—东南向流为主。以此结构为依据,利用 5 月 5 日至 6 月 3 日共 30 天的流场结合温盐场数据进行人工识别判定,将内孤立波波列中的子波作为 1 次内孤立波过程,共选取 179 次内孤立波过程,并对其特征进行统计分析。

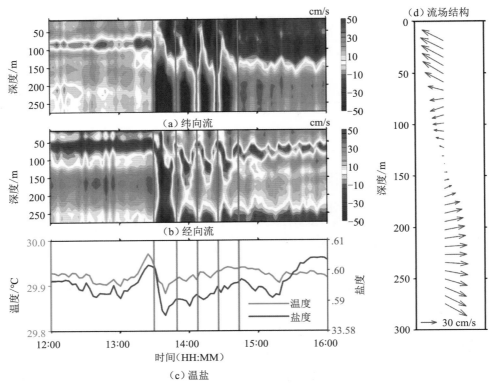

图9-3 2021年5月24日内孤立波波列水平流速剖面序列图(绿线之间为潮流转换后的前4个内孤立波信号)

内孤立波在南海北部陆坡区域多以波列形式出现,重现期较短,强度较大。南海北部主要为不规则半日潮类型,内潮对内孤立波重现期有显著影响。对浮标捕捉到的内孤立波信号进行分析,发现南海北部的内孤立波主要存在 3 个重现期信号(图 9-4)。首先,0 ～ 1 h 重现期的内孤立波占总数的 58.4%,说明波列形式是南海内孤立波的主要形式。因此,浮标观测到的内孤立波信号月约 6 次/天,频率远超半日潮和全日潮信号周期。考虑到南海背景环流对内孤立波流场的影响及人工判别可能存在的误差,部分较弱的内孤立波可能未被记录,因此波列中的内孤立波重现期应在 20 ～ 30 min。除此之外,南海北部陆坡区域的内孤立波存在半日和全日两个重现期信号,这主要是由于半日内潮和全日内潮在吕宋海峡处发生潮地相互作用以及通过内潮非线性变陡机制激发内孤立波所导致。激发生成的内孤立波向西传播,影响南海北部陆坡区域海洋流场特征。

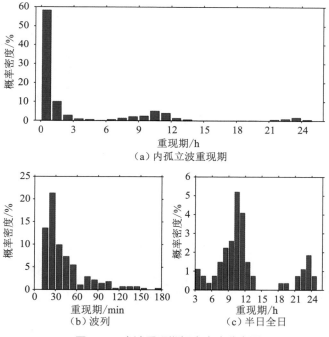

（a）内孤立波重现期

（b）波列

（c）半日全日

图 9-4　内波重现期概率密度分布图

## 9.3　内孤立波传播方向及流速特征

南海北部内孤立波多于吕宋海峡处由潮地相互作用激发生成，向西传播，内孤立波传播方向与表层流流速方向一致。由图 9-5 可知，该区域内波传播方向角度多在 281°～303° 之间，以西西北传播方向为主，西北方向次之。表层流速多分布于 20～80 cm/s 区间范围内，占总数的 81.5% 以上。内孤立波在该区域的最大流速集中在上层区域，与内波传播方向一致，少部分发生于背向内孤立波传播方向的深层区域。最大流速多为 40～120 cm/s，占总数的 88.4% 以上，较表层流速稍强，集中分布于 100 m 以浅，以西北向流速结构为主。此外，近底层存在一处最大流速汇集区，表明内孤立波可能引发底流的突变，并对海底附近的施工作业产生重要影响。

浮标处水深近 300 m，水深变化梯度大，等深线梯度由西向逐渐向北向偏转，浮标位置处地形梯度为北偏西方向。受地形变化影响，吕宋海峡传至此处的内孤立波传播方向发生改变，由西向逐渐向北偏转，最终形成西偏北方向的传播特征。由于不同内孤立波之间存在结构差异性，因此对观测期内 179 个内孤立波的流速进行集合分析。图 9-6 显示了 179 个内波期间的流速分量大小和流矢剖面结构。从图中可以看出第一模态内孤立波普遍具有双层结构特征，南海陆坡区域上层水体为西北向流动，下层为东南向流动。受潮汐运动影响，流场存在明显半月周期信号。纬向流在 5 月 16 日和 6 月 1 日左右达到极大值，分别对应农历小潮和大潮。内孤立波流场由海表向下沿逆时针转动，流速极小值（流场转向处）主要集中在 100～150 m 深度层。

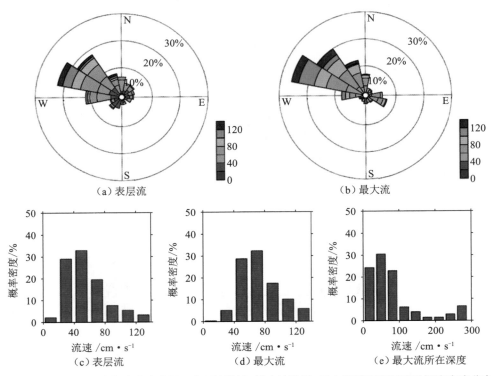

图 9-5　内孤立波流向流速玫瑰图及表层流流速、最大流流速、最大流速所在深度的概率密度分布图

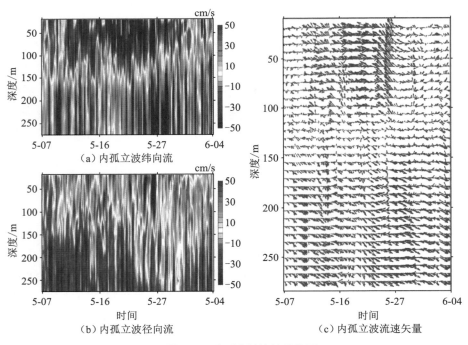

图 9-6　内孤立波流速结构图

# 参考文献

[1] 李凤岐,苏育嵩 . 海洋水团分析 [M]. 青岛:青岛海洋大学出版社,1999.

[2] 黄企洲 . 巴士海峡的海洋学状况 [J]. 南海海洋科学集刊,1984,6:54-66.

[3] 李凤岐,苏育嵩 . 南海北部海区水团的判别分析 [J]. 海洋湖沼通报,1987,3:15-20.

[4] 范立群,苏育嵩,李凤岐 . 南海北部海区水团分析 [J]. 海洋学报,1988,10(1):
126-145.

[5] 黄自强,暨卫东 . 用水文化学要素聚类分析台湾海峡西部水团 [J]. 海洋学报,1995,
17(1):40-51.

[6] 李薇,李立,刘秦玉 . 吕宋海峡及南海北部海域的水团分析 [J]. 台湾海峡,1998,17
(2):207-213.

[7] 许建平,潘玉球,柴扉,等 . 1998 年春夏季南海若干重要水文特征及其形成机制分析
[J]. 中国海洋学文集,2001:23-29.

[8] 刘增宏,李磊,许建平,侍茂崇 . 1998 年夏季南海水团分析 [J]. 东海海洋,2001,19
(3):1-10.

[9] 李磊,李凤岐,苏洁,许建平 . 1998 年夏、冬季南海水团分析 [J]. 海洋与湖沼,2002,
33(4):393-401.

[10] 朱赖民,暨卫东 . 夏季南海水团垂直分布的聚类分析研究 [J]. 海洋湖沼通报,
2002,4:1-6.

[11] 田天,魏皓 . 南海北部及巴士海峡附近的水团分析 [J]. 中国海洋大学学报,2005,
35(1):9-13.

[12] 魏晓,高红芳 . 南海中部海域夏季水团温盐分布特征 [J]. 海洋地质前沿,2015,31
(8):25-40.

[13] 毛庆文,王卫强,齐义泉 . 夏季季风转换期间南沙群岛海域的温盐分布特征 [J]. 热
带海洋学报,2005,24(1):28-36.

[14] 刘洋 . 南海次表层、中层水团结构及其运动学特征的研究 [D]. 中国海洋大学,
2010.

[15] 黄企洲 . 南沙群岛海区温、盐的分布和变化 [J]. 南沙群岛海区物理海洋学研究论
文集,1982:39-61.

[16] 刘长建,杜岩,张庆荣.南海次表层和中层水团年平均和季节变化特征[J].海洋与湖沼,2008,39(1):55-64.

[17] 王东晓,陈举,陈荣裕.2000年8月南海中部与南部海洋温、盐与环流特征[J].海洋与湖沼,2004,35(2):97-109.

[18] 蔡树群,苏纪兰,甘子钧.南海上层环流对季风转变的响应[J].热带海洋学报,2001,20(3):52-60.

[19] 徐褐祯.南海中部的温、盐、密度分布及水团特征[J].南海海区综合调查研究报告,1982:119-128.

[20] 方文东,郭忠信,黄羽庭.南海南部海区的环流观测研究[J].科学通报,1997,42(21):2264-2271.

[21] 李立,许金电,靖春生.南海海面高度、动力地形和环流的周年变化——TOPEX/Poseidon卫星测高应用研究[J].中国科学(D辑),2002,32(12):978-986.

[22] 黄磊,高红芳.夏季季风转换期间中沙群岛附近海域的温盐分布特征[J].南海地质研究,2012,1:49-56.

[23] 张婷婷.南海中部深水区上层海洋潮流和环流特征分析与模拟[D].中国海洋大学,2008.

[24] 祖永灿,孙双文,赵玮,李培良,等.南海中尺度涡上海面热通量异常的季节变化[J].海洋科学进展,2019,37(1):11-19.

[25] 蔡树群.内孤立波数值模式及其在南海区域的应用[M].北京:海洋出版社,2015.

[26] 方欣华,杜涛.海洋内波基础和中国海内波[M].青岛:中国海洋大学出版社,2005.

[27] 郑全安.卫星合成孔径雷达探测亚中尺度海洋动力过程[M].北京:海洋出版社,2018.

[28] 王卫强,王东晓,施平.南海季风性海流的建立与调整[J].中国科学(D辑),2002,32(12):995-1002.

[29] Wyrtki K. Physical oceanography of the southern Asian waters[D]. University of California, 1961.

[30] Nitani H. Beginning of the Kuroshio, In: Kuroshio, Physical aspects of the Japan current[M]. University of Washington Press, 1972.

[31] Dietrich G, Kalle K, Krauss W. General Oceanography 2nd Ed[M]. New York: A Wiley-Interscience Publication, 1980:1-626.

[32] Hu J, Kawamura H, Hong H, et al. A Review on the Currents in the South China Sea: Seasonal Circulation, South China Sea Warm Current and Kuroshio Intrusion[J]. Journal of Oceanography, 2000, 56(6):607-624.

[33] Yang H, Liu Q, Liu Z et al., A general circulation model study of the dynamics of the upper ocean circulation of the South China Sea[J]. Journal of Geophysical Research,

2002, 107（c7）: 1029-1043.

[34] Fang G H, Fang W, Fang Y, et al. A survey of studies on the South China Sea Upper Ocean Circulation[J]. Acta Oceanogr Taiwanica. 1998, 37（1）: 1-16.

[35] Liu Q, Jia Y, Wang X, et al. On the annual cycle characteristics of the sea surface height in South China Sea[J]. Advances Atmosphere Science, 2001, 18: 613-622.

[36] Liu Q, Jia Y, Liu P, et al. Seasonal and intra seasonal thermocline variability in the central South China Sea[J]. Geophysical Research Letters, 2001, 28（23）: 4467-4470.

[37] Cai S, Su J, Gan Z, Liu Q, The numerical study of the South China Sea upper circulation characteristics and its dynamic mechanism, in winter[J]. Continental Shelf Research, 2002, 22（15）: 2247-2264.

[38] Chelton D B, Schlax M G, Samelson R M. Summertime coupling between sea surface temperature and wind stress in the California current system[J]. Journal of Physical Oceanography, 2007, 37: 495-517.

[39] Sun S W, Fang Y, Zu Y C, et al. Samah, seasonal characteristics of mesoscale coupling between the sea surface temperature and wind speed in the South China Sea[J]. Journal of Climate, 2020, 33: 625-638.

[40] Sun S W, Fang Y, Liu B C. Coupling between SST and wind speed over mesoscale eddies in the South China Sea[J]. Ocean Dynamics, 2016, 66: 1467-1474.

[41] Metzger E J, Hurlburt H E. The importance of high horizontal resolution and accurate coastline geometry in modeling South China Sea inflow[J]. Geophysical Research Letters, 2001, 28（6）: 1059-1062.

[42] Wang G, Su J, Chu P C. Mesoscale eddies in the South China Sea observed with altimeter data[J]. Geophysical Research Letters, 2003, 30（21）.

[43] Zu Y C, Sun Sh W, Zhao W, Li P L, et al. Seasonal characteristics and formation mechanism of the thermohaline structure of mesoscale eddy in the South China Sea[J]. Acta Oceanologica Sinica, 2019, 38（4）: 29-38.

[44] Ziegengbein J. Short internal waves in the Strait of Gibraltar. Deep Sea Research[J]. 1969, 16, 476-487.

[45] Apel J R, Holbrook J R, Liu A K, et al. The sulu sea internal soliton experiment[J]. Journal of Physical Oceanography, 1985, 15（12）: 1625-1651.

[46] Jackson C. Internal wave detection using the Moderate Resolution Imaging Spectroradiometer（MODIS）[J]. Journal of Geophysical Research, 2007, 112: C11012.

[47] Zhao Z, Alford M H. Source and propagation of internal solitary waves in the northeastern South China Sea[J]. Journal of Geophysical Research, 2006, 111（C11）: C11012.

[48] Bole J B, Ebbesmever C C, Romea R D. Soliton currents in the South China Sea: Measurements and theoretical modeling[J]. Paper presented at the 26th Annual OTC,

Houston, USA, 1994.

[49] Cai S Q, Long X, Gan Z. A method to estimate the forces exerted by internal solitons on cylindrical piles[J]. Ocean Engineering, 2003, 30 (5): 673-689.

[50] Chiu C S, Ramp S R, Miller C W, et al. Acoustic intensity fluctuations induced by South China Sea internal tides and solitons[J]. IEEE Journal of Oceanic Engineering, 2004, 29 (4): 1249-1263.

[51] Osborne A R, Burch T L, Scarlet R L. The influence of internal waves on deep-water drilling[J]. Journal of Petroleum Technology, 1978, 30 (10): 1497-1504.

[52] Farmer D, Alford M, Lien R C, et al. From Luzon Strait to Dongsha plateau: stages in the life of an internal wave[J]. Oceanography, 2011, 24 (4): 64-77.

[53] Lien R C, Tang T Y, Chang M H, et al. Energy of nonlinear internal waves in the South China Sea[J]. Geophysical Research Letters, 2005, 32: L05615.

[54] Zhao Z, Klemas V, Zheng Q A, et al. Remote sensing evidence for baroclinic tide origin of internal solitary waves in the northeastern South China Sea[J]. Geophysical Research Letters, 2004, 31: L06302.